DENSITÉ,

SALURE ET COURANTS

DE

L'OCÉAN ATLANTIQUE,

PAR

Benjamin SAVY,

LIEUTENANT DE VAISSEAU.

(Extrait des *Annales hydrographiques*, 1868.)

PARIS,

IMPRIMERIE ADMINISTRATIVE DE PAUL DUPONT,

RUE J.-J.-ROUSSEAU, 41,

1869

RÉSUMÉ

DU MÉMOIRE

Dans le voyage que j'ai fait à Montevideo à la fin de l'année dernière, j'éprouvais, aux environs de l'équateur, de nombreuses contrariétés pour passer de l'hémisphère Nord dans l'hémisphère Sud. Un fort courant contraire me portait au N. E., entre les parallèles de 7 et 8 degrés Nord sur le méridien de 28 degrés Ouest. Sa direction ayant successivement changé les jours suivants, j'ai reconnu que c'était un courant circulaire tournant de gauche à droite dans le sens des aiguilles d'une montre. La diminution brusque de densité que présentait l'eau que je traversais attira mon attention. Les observations que j'ai faites pendant cette campagne m'ont fait constater qu'il existe entre les parallèles de 1 degré et 8 degrés Nord une large zone où les eaux ont une densité sensiblement inférieure à la densité moyenne de l'Océan. J'ai rapproché ces observations de celles que j'avais faites quelques années auparavant dans le Nord de l'Atlantique, je les ai comparées aux observations contenues dans quelques journaux de bord où la valeur de la densité se trouve relatée, et je me suis assuré que toutes, sans exception, constatent que si dans l'Atlantique on suit un méridien, la densité de la mer présente une marche régulière dont la loi peut se formuler de la manière suivante.

Dans la zone comprise entre les parallèles de 1 degré et 8 degrés Nord, la densité est très-faible ; sa valeur varie entre 30 et 33 de l'aréomètre marin aux environs du méridien de 30 degrés Ouest. A partir de ce minimum, si on s'éloigne vers chacun des pôles la densité augmente plus ou moins brusquement et ne tarde pas à atteindre une valeur voisine de 35 que j'appelle la *densité moyenne de l'Océan*, parce qu'elle reste constante sur un long parcours en latitude ; puis elle augmente progressivement, et atteint un maximum dans chaque hémisphère entre les parallèles de 40 et 60 degrés. Elle présente alors une valeur de 37 à 38. Dans l'hémisphère Nord j'ai constaté qu'à partir de ce maximum la densité diminue à mesure qu'on se rapproche du pôle ; mais je ne suis pas monté assez au Nord pour que je puisse désigner une valeur au minimum qui doit se trouver dans les régions polaires. Dans l'hémisphère Sud je ne possède pas d'observations au delà du soixantième degré, où la *Cornélie*, en doublant le cap Horn, a trouvé 37 pour densité. Je puis donc moins encore ici assigner une valeur au minimum, qui, par analogie, doit exister vers le pôle Sud.

Par cette distribution on a des eaux légères vers le pôle Nord et probablement aussi vers le pôle Sud, des eaux lourdes vers les latitudes élevées et des eaux légères près de l'équateur.

Quelles que soient les causes de cette distribution de la densité, c'est à elle que j'attribue la plus large part au mouvement qui anime l'ensemble de la masse fluide. L'hypothèse, que la circulation océanique provient de la combinaison du mouvement diurne de la terre avec le mouvement vertical que provoque la densité, est certainement une hypothèse acceptable *à priori* ; mais elle prend toutes les couleurs de la vérité par l'explication simple et rationnelle qu'elle fournit non seulement de l'existence des grands courants qui sillonnent l'Atlantique, mais encore de la plupart des phénomènes que cet océan présente. Si, comme je l'indiquerai tout à l'heure, il existe une cause permanente de l'ascension des eaux légères de la zone équatoriale, on voit ce mouvement vertical amener à la surface des eaux en retard sur le mouvement diurne ; elles se portent donc à l'O. ; et l'existence du grand courant équatorial se trouve expliquée.

La zone équatoriale ascendante s'épanouit en émergeant, et donne lieu à deux ondes allant chacune vers les hautes latitudes pour y recouvrir les eaux lourdes qui s'y trouvent. La densité les appelle dans ces hautes latitudes par un chemin de surface, ce qui les expose à l'évaporation et au rayonnement. L'évaporation augmente leur salure; le rayonnement les refroidit de telle sorte que quand elles arrivent dans les hautes latitudes, elles sont devenues lourdes à leur tour et sombrent sous l'onde qui les suit. Le mouvement vertical d'émersion les a jetées vers l'O.; mais le mouvement de surface les a rapprochées de l'axe de la terre et a dû redresser leur route en les appelant vers l'E.; leur chute dans les profondeurs les rapproche brusquement et davantage encore de l'axe de la terre, ce qui accentue la tendance à l'E., et donne lieu au courant polaire de l'hémisphère Sud et au Gulf Stream dans l'hémisphère Nord. Les eaux qui sombrent portent dans les profondeurs leur salure et un restant de chaleur, et continuent à progresser vers les pôles, tant à cause de la légèreté des eaux polaires que par la vitesse acquise dans le chemin parcouru depuis l'équateur. Le thermomètre signale leur présence au fond des mers polaires, où elles fondent le pied des glaces. L'eau douce qui résulte de cette fonte les déconcentre, les rend légères de nouveau, et elles émergent dans les mers polaires, où leur douceur les maintient à la surface lorsque le froid les a saisies.

La densité les pousse alors vers les hautes latitudes pour y recouvrir les eaux lourdes, et elles s'y rendent par un chemin de surface. C'est l'explication des courants froids qui descendent des pôles. Mais arrivées dans ces hautes latitudes, elles sont devenues lourdes à leur tour par la concentration ou le rayonnement; elles sombrent donc une seconde fois, passent au-dessous des eaux chaudes qui les séparent de l'équateur, où elles se rendent par les profondeurs de la mer et où le thermomètre signale leur basse température. Dans cette dernière partie du trajet il faut remarquer qu'elles sont froides et douces, et que c'est surtout leur basse température qui les a appelées et qui les maintient dans les profondeurs. Les quelques expériences que j'ai faites sur les eaux profondes ne vont pas au delà de 240 mètres de profondeur; elles constatent cependant déjà que les eaux profondes situées entre l'émersion équatoriale et la chute dans les latitudes élevées sont très-souvent moins salées que les eaux de surface. Une analyse chimique faite par les soins de M. Fontaine, notre habile directeur du service pharmaceutique à Toulon, est venue sanctionner un résultat que l'aréomètre m'avait déjà indiqué.

Ainsi les eaux profondes de la zone équatoriale, étant relativement douces, n'ont besoin que d'un rayon de soleil pour être rendues légères et commencer leur émersion. C'est cette douceur qui est la cause permanente d'ascension dont j'ai parlé en commençant à décrire la circulation, et cette douceur des eaux profondes est nécessaire pour que le soleil équatorial ait la puissance de provoquer leur émersion par les rayons qu'il envoie à travers la couche liquide de surface.

Ainsi s'expliquent tout à la fois la légèreté, la douceur et la basse température des eaux de la zone équatoriale.

C'est la nécessité d'une explication à ces trois qualités de l'eau que je traversais près de l'équateur qui m'a conduit à l'hypothèse de la circulation que je viens de décrire.

Ce qui se passait sous mes yeux m'affirmait que les pluies, abondantes parfois, que l'on rencontre dans ces parages n'avaient qu'une influence très-faible sur la densité, la salure et la température de la mer et ne pouvaient en aucune façon expliquer ces trois qualités des eaux équatoriales que je traversais. Souvent la densité augmentait sous des pluies abondantes et diminuait après elles ! C'est sous la pluie que j'ai traversé les eaux les plus chaudes ! La pluie ne s'est montré que sur un tiers de la zone des eaux légères et sur leur lisière Nord seulement : le vent de S. qui régnait devait maintenir dans le N. ces eaux de pluies, et la partie Sud de la zone des eaux légères ne pouvait être influencée par elles. De plus, au retour de Montevideo, je n'ai presque pas eu de pluies, et les mêmes phénomènes se sont présentés avec plus d'intensité. Enfin les pluies ne pouvaient agir qu'à la surface, et les eaux à 100 mètres de profondeur présentaient à l'aréomètre une douceur au moins égale, sinon plus grande, que la douceur des eaux de surface.

D'autre part, le bleu éclatant de la mer, joint à la limpidité de ses eaux, me prouvaient que les eaux de fleuves étaient étrangères à cette douceur. Je me trouvais au reste à 250 lieues des terres les plus voisines soit d'Afrique, soit d'Amérique. Il fallait donc admettre que ces eaux douces venaient des profondeurs, et, par suite, admettre que les eaux profondes avaient au moins la douceur des eaux de surface.

Il est, au reste, rationnel d'admettre que sur les points où l'évaporation est plus grande que la quantité d'eau douce qui arrive à la surface, la salure va en diminuant avec la profondeur, car les sels constamment mis en liberté à la surface partent incessamment de cette surface, où doivent se trouver les eaux les plus concentrées. Inversement la salure doit aller en augmentant avec la profondeur sur les points où l'apport des eaux douces à la surface est plus considérable que l'évaporation qui s'y produit.

Pour avoir la marche de la salure à la surface de l'Océan, j'ai expérimentalement cherché l'influence de 1 degré de température sur la valeur de la densité. J'ai pu alors ramener toutes les densités à une température commune de 27 degrés, et j'ai appelé *degrés de salure* ces valeurs de la densité. La série de ces valeurs m'a indiqué que la distribution de la salure à la surface de l'Océan suit une loi identique à celle de la densité. On trouve, dans la zone des eaux légères, un minimum de salure, puis un maximum de salure en s'éloignant de l'équateur vers chacun des pôles, et enfin un minimum de salure dans les régions polaires : seulement les maximums de salure s'écartent peu des tropiques, et par suite sont plus voisins de l'équateur que les maximums de densité.

Cette loi, que m'a révélé l'observation seule de l'aréomètre, se trouve d'accord avec les résultats d'une analyse chimique faite en 1864 par M. le Dr Roux, de Rochefort, sur une série d'échantillons puisés sous toutes les latitudes de l'océan Atlantique depuis 45 degrés Nord jusqu'à 40 degrés Sud.

En traçant tous les parallèles sur une échelle de latitude et portant sur chacun d'eux la valeur de la densité de la salure et de la température des eaux qu'on y rencontre, j'ai obtenu une courbe pour chacune de ces trois quantités.

L'ensemble des trois courbes relevées à différentes époques de l'année fait ressortir les faits suivants :

La zone émergente des eaux légères équatoriales est toute l'année dans l'hémisphère Nord. Elle suit le soleil dans son mouvement en déclinaison ; en septembre et en mars, elle arrive à ses positions extrêmes vers le N. et vers le S. Le centre de cette zone est assez souvent indiqué par un abaissement de salure. En juin, il est à sa position moyenne. Lorsque l'on se trouve entre les méridiens de 25 à 30 degrés Ouest la position moyenne de ce centre paraît être sur les parallèles de 4 ou de 5 degrés Nord. L'oscillation annuelle le porte de 2 degrés au Nord et 2 degrés au Sud de cette position moyenne.

Aux environs des mêmes méridiens, le maximum de salure dans l'hémisphère Nord se trouve vers le parallèle de 30 degrés Nord en septembre, et vers le parallèle de 20 degrés Nord en mars, ce qui fait environ 10 degrés d'oscillation annuelle.

Des expériences faites sur l'évaporisation de la mer m'ont permis de tracer une courbe d'évaporation sur une échelle de latitudes. Cette courbe montre qu'en partant des pluies équatoriales pour aller vers le N., l'évaporation augmente à mesure qu'on remonte les vents alizés et que l'évaporation est maximum sur le parallèle où ces alizés prennent naissance et où on pénètre dans la zone des vents variables. Le maximum d'évaporation se trouve correspondre à très-peu près au maximum de salure. Mes observations faites sur le méridien de 20 degrés Ouest donnent 11 $^m/^m$ 9 d'évaporation moyenne en 24 heures dans le courant d'octobre. En supposant que l'évaporation de ce mois soit moyenne dans l'année, on aurait 4^m, 344 d'évaporation annuelle entre les parallèles de 8 et 36 degrés Nord, où ont été faites les observations.

En étudiant les différents courants que l'on observe à la surface de l'Atlantique, et en les comparant avec les observations que j'ai faites sur l'eau de mer en plusieurs points de cet océan, j'ai, approximativement, tracé sur une carte la ligne suivant laquelle doit se produire l'émersion équatoriale.

Cette ligne ayant une largeur de 50 à 100 lieues, part de l'île Anno-Bon au fond du golfe de Guinée, contourne la côte d'Afrique à environ 100 ou 150 lieues et remonte jusqu'aux environs des îles du Cap Vert dans l'Est de cet archipel. C'est la ligne d'émersion de la partie orientale de la nappe profonde de l'Atlantique Sud qui se relève sur les hauts-fonds de la côte d'Afrique. La ligne redescend ensuite, se dirigeant à peu près vers le cap Saint-Roch ; elle coupe la parallèle de 8 degrés Nord par 25 degrés longitude Ouest; celui de 2 degrés par 35 degrés longitude Ouest, puis elle suit ce parallèle de 2 degrés jusqu'au méridien de 45 degrés Ouest; elle remonte alors au N. O. parallèlement aux côtes de Guyane dont elle reste à 100 ou 150 lieues. Près de l'île la Barbade cette ligne se bifurque en deux branches : l'une passe au Nord de toutes les Antilles, et l'autre pénètre en s'élargissant dans la mer des Antilles et du golfe du Mexique.

La partie de cette ligne qui part d'Anno Bon et contourne la côte d'Afrique jusqu'aux îles du cap Vert, est la source du courant si remarquable de la côte septentrionale de Guinée. L'onde qui se déverse du côté de cette côte vient butter contre elle et se trouve forcée de dévier à droite suivant les lois du mouvement dans l'hémisphère Nord. C'est là l'explication du mouvement rapide des eaux qui courent à l'E. sur la côte Nord du golfe de Guinée. Ce courant n'est donc pas la continuation d'une branche du Golf Stream qui descendrait au S., et qui, rebelle aux lois du mouvement dans l'hémisphère Nord, tendrait à gauche au lieu de tendre à droite de sa direction.

L'émersion qui se produit aux environs et à l'Est des îles du cap Vert est la source des eaux froides et souvent troubles que l'on rencontre fréquemment dans ces parages : le courant Ouest qui se fait presque toujours sentir au milieu des îles est la conséquence du mouvement ascensionnel des eaux.

La partie de la ligne d'émersion qui traverse l'Océan donne lieu sur sa lisière Nord à une onde qui se déverse au N. ; sa rencontre avec les eaux lourdes qu'elle refoule la fait dévier à droite, et elle court à l'E. formant ainsi le contre-courant équatorial qu'on rencontre souvent sur la lisière Nord des eaux légères. L'onde qui se déverse au Sud, étant encore dans l'hémisphère Nord, dévie aussi à droite et précipite le mouvement vers l'Ouest que provoque l'ascension. Le même phénomène se produit sur toute la ligne d'émersion, au Sud de laquelle le courant Ouest se trouvera toujours beaucoup plus considérable que le courant Est que l'on peut rencontrer au Nord. C'est la juxtaposition de ces deux courants qui fait souvent naître le mouvement circulaire des eaux dans la zone d'émersion équatoriale. Enfin les eaux froides et souvent troubles que l'on rencontre en certains points de la ligne qui joindrait le cap Saint-Roch au cap Hatterras, proviennent de l'émersion qui se produit sur cette ligne.

La légèreté des eaux équatoriales doit produire une surélévation de la surface dans la zone qu'elles occupent, et cette surélévation est fonction du rapport des densités des eaux voisines ainsi que de l'épaisseur verticale des eaux lourdes dont le poids fait jaillir les eaux légères. En donnant 2,000 mètres d'épaisseur aux eaux lourdes à 1,027 de densité, qui est la densité moyenne, et en prenant 1,023 pour densité des eaux légères, ces dernières auraient une surélévation de 7^m 6 au-dessus du niveau des eaux de densité moyenne. Ce bourrelet liquide qui, devant la côte de Guyane, court au N.-O., me paraît donner l'explication du gigantesque mascaret qui désole cette côte sous le nom de *Pororoca*. La lune, passant au méridien, saisit ce bourrelet et le traîne après elle. Dans sa marche vers les Terres qui sont à l'O., l'onde s'éteint en se divisant en plusieurs lames; mais, aux époques des syzygies, elle parvient jusqu'à la côte où elle produit tous ses ravages. Les particularités qui s'observent sur la côte sont si bien expliquées par la présence au large d'un bourrelet liquide, que je suis porté à croire que tous les mascarets ainsi que les grandes hauteurs de marée ont une origine analogue.

La densité étant très-différente sur un méridien, en allant d'un pôle à l'autre, il en résulte que si ce méridien suit la surface de la mer, il se trouvera très-ondulé; il présentera une surélévation vers l'équateur, un affaissement dans les latitudes élevées et une surélévation nouvelle vers chacun des pôles. La surface de l'Océan offre ainsi ses vallons et ses coteaux, dont les ondulations embrassent de vastes espaces et se perdent dans l'immensité de l'étendue.

A partir des Lucayes les eaux chaudes et salées de la nappe de surface commencent à sombrer, elles se creusent ainsi au sein de la masse fluide un sillon dans lequel elles se pelotonnent : c'est le Gulf Stream dans l'Atlantique Nord. Ce courant est alimenté sur tout son parcours par la chute dans son sein de tout le bord de l'immense nappe d'eau chaude et salée qui vient de l'émersion équatoriale en suivant un chemin de surface ; c'est par cette raison qu'il peut traverser tout l'Atlantique sans presque ralentir sa marche. Le mouvement de chute doit commencer à se faire vivement sentir vers le cap Hatteras, où la tendance à l'E. s'accentue davantage. Les eaux du Gulf Stream, que j'ai traversées plusieurs fois, sont lourdes, chaudes et salées. Leur densité, de 36 vers le cap Hatteras, croît en suivant le fil du courant et monte jusqu'à 37, 6 vers les côtes d'Europe.

Les sondes thermométriques données par le tableau A de l'ouvrage de M. Maury m'ont permis de tracer les isothermes de ce courant dans un plan perpendiculaire à sa direction. Ces isothermes donnent l'image parfaite de la chute en cascade du bord de la nappe supérieure qui couvre l'Océan à droite du courant. Les eaux de ce bord sombrent au contact des eaux froides qui leur forment à gauche une rive escarpée, tandis qu'à droite cette rive est et doit être très-peu prononcée.

Les eaux chaudes et salées sombrent de plus en plus à mesure qu'elles avancent dans le sillon du fleuve ; elles sont donc encore voisines de la surface vers les côtes d'Amérique, et laissent ainsi du côté de ce continent un vaste espace entre elles et le fond de la mer. C'est dans cet espace que se précipite l'eau douce et froide qui vient du pôle pour se rendre à l'équateur. Les deux nappes de surface se croisent ainsi en écharpe comme les deux coins d'un gigantesque châle sur le sein de la terre, et toutes les eaux, aussi bien dans les profondeurs qu'à la surface, participent au mouvement général qui anime leur masse. D'une part, la distribution de la densité que j'ai observée à la surface de l'océan Atlantique nécessite pour ainsi dire la circulation que je viens de décrire, et, d'autre part, l'hypothèse de cette circulation donne l'explication simple et rationnelle des principaux phénomènes et des grands courants qu'on observe dans cette mer.

Ces faits nouveaux, qui intéressent à un haut degré la physique du golfe, ont certainement besoin d'un grand nombre de vérifications. Je dois dire pourtant que les dix ou douze observations que j'ai pu recueillir jusqu'ici, *et qui ont été faites* par différents bâtiments sur la densité de l'Atlantique, confirment toutes, pour cette densité, la même marche que j'ai moi-même observée.

De plus, une nouvelle campagne que je viens de faire au Gabon, dans le fond du golfe de Guinée, m'a permis de rapporter un grand nombre d'échantillons d'eau de mer puisés sous différentes latitudes, tant à la surface que dans les profondeurs de l'Océan ; et je puis dire, dès aujourd'hui, que l'analyse chimique aussi bien que les pesées faites à la balance de précision, confirment la plupart des lois que j'ai signalées.

De cet ensemble de faits, j'ai cru pouvoir conclure, pour la navigation, quelques règles pratiques que l'on trouve dans le courant de ce mémoire, à la fin duquel j'ai placé quelques observations sur la Méditerranée.

DENSITÉ, SALURE ET COURANTS

DE

L'OCÉAN ATLANTIQUE.

I.

Principales causes des courants. — Depuis long-temps l'expérience a constaté qu'au sein de la masse fluide océanique se meuvent des courants dont les uns sillonnent la surface, tandis que d'autres parcourent des routes sous-marines.

Les causes qui occasionnent ces courants sont nombreuses et les lois qui les régissent très-complexes.

Parmi les causes qui les font naître, je citerai :

1° Les attractions célestes ;

2° L'action de l'atmosphère à la surface des eaux ;

3° L'action de la chaleur solaire très-inégalement répartie des pôles à l'équateur.

Si on parvenait à déterminer la vraie valeur de l'influence de chacune de ces causes isolées, il serait peut-être facile de conclure la résultante de leur combinaison et d'exprimer, par une formule générale, la part que chacune d'elles prend au mouvement des eaux. La première cause, l'action des attractions célestes, a été l'objet des recherches de puissants analystes, et les formules qu'ils nous ont données entreraient dans cette formule générale.

Quant à l'action de l'atmosphère, elle doit être considérée à trois points de vue différents.

On compte, en effet, l'action dynamique du vent qui pousse la lame et crée ainsi les courants dérivés ; on compte ensuite l'évaporation occasionnée par la siccité plus ou moins grande de ce vent. Cette évaporation, compensée sur un autre point par une précipitation sous forme de pluie, est déjà une cause de mouvement, mais elle agit encore en augmentant la salure, et par suite, la densité des eaux qui s'évaporent. C'est ainsi que, toutes choses étant égales d'ailleurs, si en deux points de l'Océan, l'évaporation est différente, il s'ensuivra une différence de densité qui fera naître le mouvement des eaux.

Enfin l'atmosphère agit par sa pesanteur, et chaque point de la surface de la mer peut être considéré comme le plateau d'une balance très-sensible qui s'élève ou qui s'abaisse suivant que le poids qu'il supporte devient plus léger ou plus lourd : de là l'appel des eaux en certains points où la pression barométrique est faible, refoulement des eaux sur les points où la pression barométrique est forte.

L'action de la chaleur solaire agit par dilatation. Un accroissement de température, en dilatant les eaux, diminue leur densité, tandis qu'un abaissement de température, en les contractant, augmente leur densité.

On conçoit dès lors que la chaleur étant inégalement répartie sur les différents parallèles, à salure égale, la densité doit y être différente et que dans tous les cas, la succession des saisons, changeant les points de dilatation maxima, doit amener sur chaque parallèle des changements périodiques dans la densité des eaux qui s'y trouvent, et occasionner, par suite, des courants nécessaires au rétablissement de l'équilibre.

Parmi ces causes de courants, je me suis particulièrement attaché à celles qui agissent sur la densité des eaux. L'observation directe de cette densité [1], m'ayant fourni des résultats

---

[1] Les observations de densité ont été faites avec l'aréomètre que le département de la marine passe aux bâtiments de l'État. Sa graduation indique le nombre de grammes de sel contenu dans 1 litre d'eau à 15° de température centigrade.

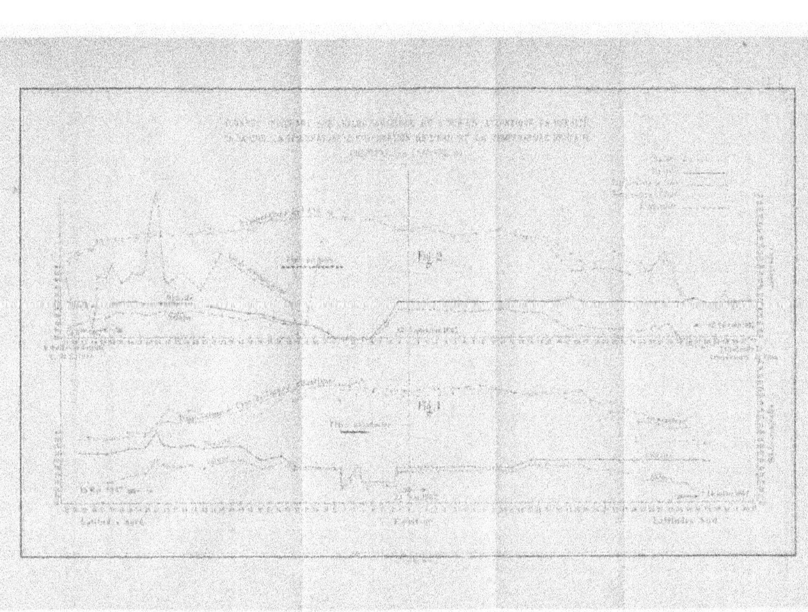

inattendus, j'ai vérifié leur exactitude dans les deux campagnes que je viens de faire dans l'Atlantique ; j'ai, de plus, recueilli tout ce que j'ai pu des observations faites par d'autres bâtiments, et comme tous ces résultats, sans exception, révèlent la même loi sur la distribution de la densité des eaux, j'ai été conduit à croire à l'exactitude de la loi que j'avais observée dans mon premier voyage à Montevideo.

La loi qui préside à la distribution de la densité, du pôle à l'équateur, m'a conduit à une hypothèse sur la circulation océanique ; cette hypothèse donnant l'explication rationnelle d'un grand nombre de phénomènes anormaux et inexpliqués, je suis porté à croire qu'elle donne, approximativement du moins, la marche que suit la circulation océanique.

II.

Distribution de la densité à la surface de l'Océan. — Pour rendre sensible la marche que suit la densité de la surface des eaux, en allant d'un pôle à l'autre, sur un même méridien, j'ai, sur une échelle de latitude, porté sur chaque parallèle la valeur de la densité que j'ai observée sur chacun d'eux. Le trait noir de la figure 1 (pl. 1) donne les valeurs successives de la densité, depuis le détroit de Gibraltar jusqu'à Montevideo.

Le trait noir de la figure 2 (pl. 1) donne les valeurs observées de la densité durant le voyage du retour de Montevideo en France.

Je quittai la rade de Toulon le 27 avril 1867, muni des instruments que l'État passe réglementairement aux bâtiments de guerre pour les observations météorologiques.

Ma destination était Montevideo, d'où je devais effectuer mon retour presque aussitôt mon arrivée ; j'avais, par conséquent, dans chacune des traversées, à parcourir 78° de latitude, et à couper l'équateur à l'aller et au retour.

Voici qu'elle est la marche qu'a suivie la densité de l'eau de surface depuis mon départ jusqu'à l'arrivée à Montevideo :

En rade de Toulon la densité était de 42° ; elle est tombée à 40 sitôt au large de la côte, et s'est maintenue à cette valeur jusqu'en dehors du détroit de Gibraltar.

En pénétrant plus avant dans l'Océan, la densité a diminué jusqu'à 38 et 37 ; elle est remontée jusqu'à 40 aux Canaries et est redescendue à 38 entre ces îles et les îles du cap Vert.

Au S. de ce dernier archipel, elle est descendue à 35, a conservé cette valeur, qui est sa valeur moyenne dans l'Océan, jusque sur le parallèle de 7° de latitude Nord. Elle est, sur ce parallèle, brusquement tombée à 32 ; un instant elle est remontée à 35 sur le parallèle de 5° N. pour retomber à 33, valeur qu'elle a conservée jusqu'au parallèle de 1° de latitude Nord. Au S. de ce parallèle, elle est remontée à 35. Elle a conservé cette valeur en traversant l'équateur et en pénétrant dans l'hémisphère Sud : sur le parallèle de 12° S. elle est remontée jusqu'à 36, valeur qu'elle a conservée jusqu'aux approches du Rio de la Plata. Comme je devais m'y attendre, les influences du fleuve et des hauts-fonds ont fait baisser la température et la salure, mais ce n'est que dans l'intérieur de l'embouchure du fleuve que la densité a diminué de valeur.

Ainsi, d'après cette traversée, il se trouve entre les parallèles de 1° et de 8° de latitude N. une zone d'eau relativement très-légère ; et à partir de cette zone, la densité de l'eau va en augmentant à mesure qu'on s'en éloigne pour se rapprocher des pôles.

La traversée du retour a confirmé l'existence d'une densité minimum dans la même zone équatoriale, et cette confirmation a d'autant plus de valeur qu'on ne saurait invoquer, dans cette seconde traversée, ni les perturbations que peut occasionner le voisinage des archipels et des continents, ni l'influence des pluies équatoriales.

Cette seconde traversée s'est effectuée, en effet, sur le méridien de 30° de longitude O., et la terre la plus voisine de la route suivie est le cap Saint-Roch, que j'ai laissé à 85 lieues dans l'Ouest. Quant aux pluies, elles ont été insignifiantes.

Parti de Montevideo le 17 août, je me trouvai le 24 par 36° de latitude S. à 120 lieues de la côte. Je continuai, au reste, à m'élever dans l'E. les jours suivants, pour être assuré de doubler le cap Saint-Roch dans le cas où les alizés de l'hémisphère Sud auraient du N. dans leur direction. Ces alizés Sud ont, en effet, soufflé de l'E. N. E. jusqu'aux approches du cap Saint-Roch ; puis, ayant addonné successivement, ils m'ont permis de couper la Ligne sur le méridien de 30° de longitude Ouest. Les variations de la brise m'ont jeté tantôt à droite, tantôt à gauche de ce méridien, qui représente la route moyenne suivie depuis le 30° degré de latitude S. jusqu'aux Açores (pl. VII, carte n° 2).

Par 36° de latitude S., la densité de la mer à la surface était de 35 ; elle a conservé cette valeur jusqu'au N. de l'équateur. Ce n'est qu'entre les parallèles de 1° et 2° 30′ de latitude N. qu'elle est tombée à 32, puis à 30. Elle a conservé cette très-faible valeur jusqu'au parallèle, de 10° N., à partir duquel elle a commencé à croître progressivement. Ce n'est que sous le tropique du Cancer qu'elle a atteint sa valeur normale de 35°, valeur qu'elle a conservée jusqu'aux Açores avec de faibles variations.

Cette traversée indique donc, comme la précédente, qu'il existe au N. de l'équateur, entre les parallèles de 1° et 8° ou 10°, une zone d'eau très-légère, et qu'à partir de cette zone, la densité va en augmentant à mesure qu'on se dirige vers les pôles.

Ces résultats m'ont été confirmés par le journal météorologique de la frégate la *Cornélie*. Ce bâtiment quittait Brest le 25 octobre 1860 pour se rendre dans le grand Océan.

Comme moi, il a touché aux Canaries et à Montevideo ; ses observations indiquent une diminution progressive de la densité à mesure que, descendant dans le S., il se rapprochait de l'équateur ; cette densité à 36° dans les hautes latitudes est à 33° dans la zone équatoriale entre les parallèles de 8° et 1° de latitude N.

Elle a ensuite augmenté progressivement à mesure que le bâtiment traversait l'équateur et qu'il pénétrait dans l'hémisphère Sud. Par 10° de latitude S., la densité avait repris la valeur moyenne de 35, et il est à noter que cette densité a continué à croître à mesure que le bâtiment est descendu plus au S. pour doubler le cap Horn. Sa valeur était à 37 sur le méridien de ce cap par 60° latitude S. [1].

Le trait noir de la figure 1 (pl. I) qui représente la courbe de la densité dans mon voyage de France à Montevideo, commence à 25 lieues au large du détroit de Gibraltar et se termine à l'arrivée dans les eaux du Rio de la Plata à 40 lieues de la côte. Dans la fig. 2 (pl. I), cette même courbe, pour la traversée de retour, commence à 120 lieues au large de la côte d'Amérique, et finit à quelques milles au S. de Santa Maria des Açores.

Pour avoir des observations plus voisines des pôles, je suis obligé de me reporter aux observations que j'ai faites sur la frégate la *Foudre* en 1861. En rade de Cadix, la densité de la mer était de 35,6. Sitôt au large, cette densité est devenue 34,6 et elle est restée constamment à cette valeur pendant presque toute la route qui nous conduisait droit à Saint-Pierre de Terre-Neuve. Ce n'est qu'en sortant des eaux chaudes, dont la température s'était progressivement élevée de 19° à Cadix jusqu'à 24° dans le Gulf Stream, que la densité, constante jusqu'alors à 34,6, est tombée à 33,6, puis à 32,6 devant Saint-Pierre, puis à 31,6 entre cette île et la Nouvelle-Écosse. Ainsi, les eaux froides qui bordent le Gulf Stream au N. sont plus légères que les eaux chaudes qui le forment.

Au voyage de retour, j'ai observé la même loi : devant Halifax la densité était de 34,6. Cette densité a progressivement augmenté à mesure que je m'approchais des eaux chaudes au milieu desquelles la densité est montée jusqu'à 36,6.

A l'aller je suis sorti du Gulf Stream par 45° de latitude N. et 50° de longitude Ouest. Au retour je suis rentré dans le Gulf Stream par 45° 30' longitude Ouest. Dans cette nappe d'eau chaude qui couvre l'Atlantique, jusqu'aux côtes d'Europe, la

---

[1] Depuis cette époque, j'ai fait un voyage au Gabon, et les observations recueillies, tant à l'aller qu'au retour, confirment cette loi qu'à partir du détroit de Gibraltar, la densité diminue à mesure qu'on se rapproche de l'équateur.

Le journal météorologique de la frégate la *Bellone*, consulté au Gabon, constate aussi la même loi : Les journaux météorologiques de deux capitaines portugais, MM. Martin da Sylva et Eduardo Garrais, tenus sur le brick *Confiança*, constatent aussi la même loi dans leur voyage de Lisbonne à Saint-Paul de Loanda et de Lisbonne à Fernambuco.

température a peu changé, mais la densité est montée jusqu'à 37,6 sur le méridien, du 21° longitude O. par 46° 30' latitude Nord. Elle a diminué ensuite progressivement aux approches de terre et ne s'est trouvée que de 34,6 sur les côtes de France devant Rochefort. J'ai déjà dit que la frégate la *Cornélie* avait trouvé la densité à 37 entre les parallèles de 50° et 60° de latitude Sud. Je crois que ces densités de 37 à 37,6 sont les densités maximum de la pleine mer dans l'océan Atlantique.

Ainsi, d'après mes observations, la densité de l'océan Atlantique offre un maximum vers les parallèles de 40° à 50° de latitude N. et les eaux qui présentent ce maximum de densité sont chaudes.

Au N. de ce maximum la densité va en diminuant à mesure qu'on approche du pôle.

Au S. de ce maximum, la densité va en diminuant jusque dans la région équatoriale, où elle atteint un minimum entre les parallèles de 1° et 8° de latitude N. ; à partir de ce minimum la densité augmente jusqu'aux parallèles de 50° à 60° de latitude S., et jusqu'à ce que l'observation directe soit venue nous donner la valeur de la densité dans les régions polaires antarctiques, nous serons portés à croire que, par analogie, la densité présente un maximum vers ces hautes latitudes de 50° à 60° et décroît ensuite à mesure qu'on approche davantage du pôle Sud.

Lorsqu'on pense à la rapidité avec laquelle l'équilibre doit s'établir au sein d'une masse fluide, ces valeurs si diverses de la densité sur le parcours d'un méridien ont tout lieu de fixer l'attention. Quelles que soient, au reste, les causes de cette distribution de la densité, c'est à elle que j'attribue la plus large part au mouvement qui anime l'ensemble de la masse fluide[1].

---

[1] Les courants produits par le vent et qu'on nomme courants dérivés, sont, je crois, sans influence sur la circulation des mers. La rapidité de leur course, souvent beaucoup plus apparente que réelle, n'agite que la surface des eaux sans leur communiquer un mouvement de translation aussi considérable qu'on est porté à le croire. Si, dans un gros temps, on suit attentivement la crête de la lame qui déferle, on s'aperçoit que cette crête de lame, au lieu de rester à la surface, pénètre profondément dans la masse fluide. Si on considère de

La différence de densité provoque d'abord un mouvement
vertical, les eaux lourdes sombrent, tandis que les eaux légères
montent. Le mouvement horizontal se produit ensuite. Les
eaux légères viennent par un courant de surface recouvrir les
eaux lourdes qui ont sombré, et les eaux lourdes vont remplacer par un courant sous-marin les eaux légères qui sont
montées à la surface. Enfin ces mouvements sont influencés
par le mouvement de rotation de la terre qui les dévie tantôt
vers l'E., tantôt vers l'Ouest. On peut dire d'une façon générale
que les eaux d'un courant seront déviées vers l'E. si, dans le
mouvement qui les anime, elles se rapprochent de l'axe de

---

plus l'obliquité du plan liquide qui forme la lame et qui reçoit l'impulsion du
vent, on est conduit à admettre que la masse d'eau qui la compose prend tout
à la fois un mouvement horizontal et un mouvement vertical de haut en bas
sous la pression du vent qui la pousse. Ce mouvement de haut en bas donne
forcément lieu à un mouvement de bas en haut dans le creux de la lame où
l'action du vent ne se fait point sentir : de là un mouvement circulaire à peu
près sur place, mais qui peut être très-rapide sans qu'il y ait une grande vitesse de translation. Chaque lame peut être considérée comme un cylindre tournant sur lui-même et dont l'axe est animé en même temps d'un faible mouvement de translation dans le sens du vent. La surface de la mer est alors
représentée par une série de cylindres parallèles tournant sur eux-mêmes. Le
navire qui flotte au-dessus de ces cylindres est aussi bien entraîné par le
mouvement circulaire que par le mouvement de translation des cylindres, et si
le courant que ses observations signalent est de 3 nœuds à l'heure, ce courant
peut être le résultat d'un mouvement circulaire sur place de 2 nœuds et d'un
mouvement de translation de 1 nœud.

Cette manière de considérer les courants dérivés de surface explique la rapidité avec laquelle ces courants prennent naissance sous l'impulsion du vent et
la rapidité plus surprenante encore avec laquelle ces courants disparaissent,
sitôt que le vent est tombé. Si la masse d'eau mise en mouvement avait la
vitesse de translation que le bâtiment a éprouvée, la force vive serait très-con-
sidérable et le mouvement de l'eau continuerait après la chute du vent ; de
plus, pendant que le vent soufflerait sur un point, le courant se ferait sentir
bien au delà de ce point, comme le fait, au reste, la houle que l'on éprouve
souvent en calme dans le voisinage d'un coup de vent.

Il faut remarquer encore que la force vive de la masse d'eau mise en mouvement horizontal par un coup de vent battant en côte fait à peine monter de
quelques décimètres le niveau de l'eau sur cette côte, alors que le courant
porte sur elle avec une vitesse de 2 et 3 nœuds. C'est que ces 2 ou 3 nœuds de
vitesse ne sont pas la vitesse horizontale seule, mais la somme des vitesses
circulaires et horizontales produites par le vent.

rotation de la terre, et elles seront déviées vers l'O. si elles s'éloignent de cet axe : ainsi le mouvement vertical ascensionnel sera dévié vers l'O., le mouvement horizontal de surface allant du pôle à l'équateur sera aussi dévié vers l'O., tandis que le mouvement vertical de chute ainsi que le mouvement horizontal de l'équateur au pôle seront tous deux déviés vers l'E.

III.

Manière dont sont construites les courbes de température, de salure et d'évaporation. — Avant de rechercher les conséquences de cette distribution de la densité, il est nécessaire d'étudier la marche de la salure et de la température. Ces deux éléments agissent en sens inverses sur la densité à mesure qu'ils croissent ou diminuent en même temps.

Pour avoir le degré de salure des eaux traversées j'ai cherché l'influence de la température sur la densité, et, ramenant toutes les températures à ce qu'elles auraient été si la température avait été constante, j'ai eu alors des densités dont les variations ne provenaient que de la salure des eaux.

Ces expériences, faites dans le laboratoire de chimie de l'hôpital maritime de Toulon, ont donné 0,35 de changement sur la densité pour 1° de changement dans la température. Je dois dire que ces expériences, faites dans l'hiver rigoureux de 1867 à 1868, ont été faites à des températures plus basses que celles éprouvées en mer ; refaites à bord avec un grand soin, elles m'ont donné 0,40 et j'ai pris 0,38 pour valeur de la variation sur la densité pour 1° de variation dans la température. J'ai alors fait choix de la température équatoriale de 27° pour température commune, afin de n'avoir à faire que de faibles corrections à la densité et diminuer ainsi les chances d'erreur, et j'ai ramené toutes les densités à cette température commune. Ce sont les valeurs ainsi obtenues qui, dans le tableau général, sont inscrites dans la colonne de la salure.

En portant ces valeurs de la salure sur chacun des parallèles où elles ont été observées, j'ai construit les courbes de salure tracées en traits pleins pointillés sur les figures 1 et 2 (pl. 1).

Les courbes de la température ont de même été obtenues en portant sur chacun des parallèles la température de l'eau observée sur ces parallèles.

Cherchant enfin à me rendre compte de l'influence de l'évaporation sur chacune de ces quantités, j'ai essayé d'obtenir directement la valeur de cette évaporation. Deux petits vases de tôle ont été suspendus au dehors du bâtiment sur un cordage tendu à 3 mètres au-dessus de la mer. L'eau de ces vases était renouvelée toutes les 24 heures avec de l'eau puisée à la surface ; avant ce renouvellement, on constatait la diminution de la couche d'eau qui depuis la veille avait été, comme la surface de la mer, exposée à toutes les circonstances de vent et de pluie. Ces valeurs moyennes obtenues sont consignées au tableau général. (Voir p. 79.)

J'ai malheureusement commencé très-tard ces expériences. Ce n'est qu'au voyage de retour que, cherchant à me rendre compte des résultats inattendus que me fournissait l'observation de la densité de l'eau, l'idée m'est venue de m'assurer par l'expérience directe de l'épaisseur de la couche d'eau que chaque jour l'évaporation enlevait à la surface de l'Océan. Ces expériences ne commencent donc que le 28 septembre 1867 par 8° 30' latitude N., et ont été continuées jusqu'à mon arrivée à Toulon. Les valeurs moyennes portées sur les parallèles moyens ont servi à construire la courbe de l'évaporation de la figure 2 (pl. 1).

Chacune des quatre courbes, densité, salure, température, évaporation, donne lieu à des observations particulières, et de plus, leur ensemble met en évidence certaines relations qui sont la source de l'hypothèse que je présente sur la circulation océanique.

IV.

Zone des eaux légères douces et froides situées au N. de l'équateur. — Les figures 1 et 2 (pl. 1) nous montrent dans la courbe de la densité une échancrure profonde près de l'équateur et dans l'hémisphère Nord. Cette échancrure, qui indique la légèreté des eaux et dont le milieu semble situé entre les 4e et 6e degrés de latitude N., pose à elle seule le problème de la circulation océanique. Il faut examiner d'abord si cette légèreté provient d'une haute température ou d'une faible salure.

Les courbes de température, loin d'indiquer une chaleur plus grande pour les eaux légères situées dans l'échancrure, indiquent au contraire que ces eaux sont plus froides que celles plus denses qui les bordent au N. et au Sud. Dans la figure 1 surtout, la courbe de température a une dépression marquée et significative.

L'abaissement de température dans les eaux voisines de l'équateur n'est pas, au reste, un fait nouveau.

On lit à ce sujet dans l'excellent article que M. Boutroux consacre à la température des mers, dans le *Guide du marin* :

« On a remarqué encore que dans la zone de 10° à 20° de « latitude N. et de latitude S., la température de l'air et de la « mer à la surface sont généralement plus élevées que dans la « zone équatoriale ; c'est dans cette dernière zone que sont si- « tuées les eaux les plus froides qui se trouvent entre les tro- « piques. »

Ainsi, la légèreté des eaux n'étant pas due à la température, c'est à une faible salure qu'il faut recourir pour en avoir l'explication, et on voit, en effet, la courbe de salure présenter une échancrure plus profonde encore que la courbe de densité. On pourrait craindre que la manière dont j'ai obtenu la salure n'étant pas rigoureusement exacte, cette légèreté provînt de toute autre cause, telle qu'une plus grande quantité de gaz en dissolution dans l'eau de cette zone. Outre l'invraisemblance de cette hypothèse, l'analyse chimique est venue lever tous les doutes à cet égard. Au voyage de retour j'ai ramassé de l'eau de surface par les latitudes N. de 4°, 8° et 35°. Cette eau, analysée par les soins de M. Fontaine, pharmacien en chef de l'hôpital maritime de Toulon, a donné les résultats suivants :

Eau de surface.

Dates.	Latitude.	Longitude.	Densité.	Température.	Densimètre marin.	Résidu de l'évaporation de 1 litre.
25 sept. 1867.	4° 43' 18" N.	28° 4'30" S.	102.63	6° 4	35.6	398.510
28 » »	8 51 00 »	27 6 00 »	102.85	9 8	37.9	28 135
19 oct. »	35 35 12 »	29 51 00 »	102.84	6 2	36.2	30 015

On voit par ce tableau que la salure des eaux légères situées par 4° 43' de latitude N., c'est-à-dire à peu près au milieu de la zone des eaux légères, est très-sensiblement moins forte que dans les latitudes plus élevées.

Je trouve de plus, dans les *Annales hydrographiques*, un travail complet sur l'analyse des eaux de mer recueillies par le capitaine Guérin et analysées par les soins de M. Roux, pharmacien en chef de l'hôpital maritime de Rochefort. Les échantillons puisés à la surface à peu près sur chaque parallèle donnent la loi que suit la salure de l'Atlantique depuis le parallèle de 45° N. jusqu'au parallèle de 40° S., et cette loi constate aussi un *minimum de salure dans la zone équatoriale des eaux légères.*

Il paraît donc établi d'une façon certaine qu'entre les parallèles de 1° et 8° de latitude N. se trouve une zone d'eau légère, relativement douce, et d'une température souvent plus faible que celle des eaux qui la bordent au N. et au S.

Ces faits établis, j'ai cherché l'origine des eaux légères, douces et froides.

Les quatre hypothèses suivantes se présentent à l'esprit :

1° Ces eaux peuvent provenir des pluies parfois torrentielles dans ces régions ;

2° Elles peuvent provenir des fleuves situés sur les continents voisins ;

3° Elles peuvent provenir du courant polaire de la côte d'Afrique qui se détache du Gulf Stream au-dessus des Açores et qui, d'après la circulation admise jusqu'à ce jour, descendrait droit au S. à travers les îles du cap Vert et viendrait ensuite alimenter le grand courant équatorial après avoir laissé dans les latitudes élevées la chaleur ramassée dans son passage à travers la mer des Antilles et le golfe du Mexique;

4° Enfin, ces eaux peuvent surgir des profondeurs sous l'effet d'une action quelconque, celle, par exemple, des rayons solaires qui, en les dilatant, les amènerait à la surface.

La discussion qui suit m'a fait voir qu'aucune des trois premières hypothèses ne soutient un examen approfondi, et j'ai été conduit à admettre que ces eaux légères venaient des profondeurs; que leur peu de salure était la cause de leur ascension, et que ce mouvement ascendant n'avait besoin, pour se produire, que d'une très-faible élévation de température des couches profondes.

Cette dernière hypothèse m'a paru d'autant plus vraisemblable qu'elle donne l'explication simple, naturelle, des nombreuses anomalies que l'on observe dans la température et le mouvement des eaux dans la région équatoriale.

La première hypothèse attribuant aux pluies la légèreté des eaux de cette région, quelque invraisemblable qu'elle soit, mérite l'examen, parce qu'elle est la cause que cette légèreté, déjà observée quelquefois, n'a jamais attiré l'attention, tant est simple l'explication qui en venait à l'esprit.

Le tableau général des observations que j'ai faites dans cette campagne (Voir p. 82 et 83), porte une note spéciale pour indiquer dans chacune des traversées les moments précis où la pluie est tombée dans la zone des calmes équatoriaux. Les variations de la densité y sont indiquées en même temps.

Dans la première traversée la pluie commence à tomber le 7 juin, le lendemain pluie abondante. La densité qui était à 35 ne change nullement de valeur, malgré la pluie. Ce n'est que le surlendemain que la densité descend à 32. La mer était donc restée 30 heures sous l'influence d'une pluie abondante, sans que sa densité eût été modifiée. Mais, chose remarquable, le 11 juin la pluie est plus abondante encore que les jours précédents, et la densité, au lieu de diminuer, augmente au contraire jusqu'à 35; le lendemain la pluie cesse et la densité semblant suivre une marche inverse à l'influence probable de

cette pluie, descend à 33. Elle ne revient à 35 que le 19 juin,
et du 12 au 19 le temps a été très-beau avec une belle brise
de Sud. La légèreté du 12 au 19 ne saurait en aucune façon
être attribuée à l'influence de la pluie tombée plus au N.,
car la brise de S. qui a régné d'une façon permanente poussait
tout à fait dans le N. les eaux que j'avais traversées sous son
influence en faisant route vers le S.

Dans la traversée de retour j'ai eu très-peu de pluie ; il est
à peine tombé 3 centimètres d'eau dans la zone des calmes,
et cependant la densité s'est montrée beaucoup plus faible
qu'au premier voyage où la pluie a été abondante. J'ai voulu
alors m'assurer que la légèreté que je trouvais aux eaux de
surface était partagée par les couches profondes. J'ai puisé de
l'eau entre 80 et 100 mètres de profondeur [1]. Cette eau, ra-
menée à la température de surface, a accusé la même légèreté ;
et la salure calculée par le moyen déjà indiqué m'a donné
pour les eaux à peu près la même douceur que celle des eaux
de surface.

À mon retour l'analyse chimique des échantillons rapportés
m'a, au reste, confirmé dans la pensée que j'avais alors, que les
eaux profondes de ces parages étaient même moins salées que
les eaux de surface.

Cette analyse, faite par les soins obligeants de M. Fontaine,
donne :

Dates.	Latitude.	Longitude.	Profon-deur.	Densité.	Tempé-rature.	Densi-mètre marin.	RÉSIDU de l'évapo-ration de 1 litre
28 sept. 1867	8° 50 N.	27° 0' 0.	surface.	102.85	9°.8'	37.2	38695
28 » »	8 51	26 53 »	100 m.	102.61	8.9	36.8	38 185

[1] Pour avoir de l'eau à cette profondeur, j'envoyais avec un plomb de sonde
une bouteille bien bouchée à 80 mètres de profondeur. Le bouchon ne s'étant
pas enfoncé sous la pression, la bouteille remontait vide. Je la renvoyais alors
à 100 mètres, et le bouchon s'étant enfoncé la bouteille me remontait de l'eau
puisée entre 80 et 100 mètres.

On voit que la couche profonde participe à la légèreté et à la douceur des eaux de surface, et on est conduit à conclure que les eaux de pluie n'ont tout au moins qu'une très-faible influence sur la densité de la mer.

Le tableau précédent montre que, contrairement à l'opinion admise, il arrive que dans certains parages les eaux profondes sont moins salées que les eaux de surface.

Je reviendrai plus loin sur cette loi de la salure à mesure qu'on enfonce plus profondément dans le sein de la masse fluide océanique.

La seconde hypothèse qui donnerait pour origine à ces eaux légères quelques fleuves des continents voisins ne peut non plus soutenir l'examen.

Je traversais la zone équatoriale tout à fait au milieu de l'étranglement qu'éprouve l'océan Atlantique entre le cap San Roch et la Guinée. J'étais ainsi à 250 lieues de chacun des continents et à plus de 300 lieues des fleuves importants qui les sillonnent.

Enfin les eaux légères que je traversais étaient si limpides et si bleues, qu'il devenait impossible de leur accorder une origine fluviale.

Cette seconde hypothèse écartée, il me reste à étudier l'influence du courant polaire de la côte d'Afrique.

La carte n° 1 (pl. VI) fait voir d'un coup d'œil l'ensemble de la circulation océanique telle qu'elle est admise aujourd'hui.

Le grand courant équatorial, après avoir traversé l'Atlantique, passe au N. de l'Amérique Sud, pénètre dans la mer des Antilles, du golfe du Mexique, sort par le canal de Bahama où il prend le nom de Gulf Stream, traverse de nouveau l'Atlantique, se dirigeant cette fois vers l'E. et le N. E. Au N. des Açores la carte le fait bifurquer en trois branches : l'une continue sa route au N. E., une autre se dirige vers les côtes de France et d'Espagne, et enfin la troisième, tournant brusquement au S., descend dans l'E. des Açores pour venir traverser les îles du cap Vert, et s'enfoncer dans le golfe de Guinée, où il vient alimenter le courant équatorial.

Cette troisième branche, appelée courant polaire Nord de la côte d'Afrique, est indispensable pour former le circuit des eaux tel qu'on l'admet aujourd'hui. Mais son examen critique présente des anomalies si grandes que j'ai été conduit à rejeter comme erroné le rôle qu'on lui fait jouer, et à ne le considérer dans les points où il se présente que comme un courant dérivé de surface et non comme un courant général faisant partie de l'ensemble de le circulation des eaux.

Ainsi les bâtiments partant de la Manche pour franchir l'équateur sont généralement portés vers le S. depuis les parallèles du N. de l'Espagne jusqu'au parallèle de Gibraltar ; mais il faut remarquer que très-généralement le courant cesse à la hauteur du détroit pour se porter à l'E. dans le détroit même. Du parallèle de Gibraltar à celui qui borde au N. les iles du cap Vert, si on se tient loin de la côte, les courants sont très-variables et suivent la direction des vents régnants ; c'est ainsi que, pendant l'hiver, le courant porte assez franchement au S. sous l'impulsion des vents du N. qui règnent à cette époque. Près de la côte, au contraire, le courant portant au S. semble plus permanent. On sait que sur le banc d'Arguin, le radeau de la Méduse fut porté de 90 milles au S. dans l'espace de 13 jours, ce qui donne une vitesse de 7 milles en 24 heures. Mais dans l'archipel du cap Vert, et à l'E. de cet archipel jusqu'au milieu du canal qui sépare ces iles du continent, le courant porte à l'O., quoique ce passage soit indiqué comme la route suivie par le courant polaire descendant au S. [1].

Enfin au S. de cet archipel le courant porte au S. et au S. E. quand on se tient près de la côte, tandis qu'au large il est très-variable.

Cette distribution des courants depuis les Açores jusqu'aux iles du cap Vert n'aurait pas été suffisante pour faire croire à

---

[1] Mes observations me portent à croire que dans le voisinage des déserts de la côte d'Afrique, mais en dehors de l'influence des fleuves, la grande évaporation occasionne une augmentation locale de densité, de telle sorte que cette densité *diminue* à mesure qu'on s'avance au large. Les eaux sombreraient donc sur ces points de la côte, et cette chute donnerait lieu à un courant Est portant en côte, lequel se transformerait près de terre en un courant qui suivrait la côte vers le S. par suite du mouvement diurne du globe. — Mais les quelques observations qui m'ont conduit à cette hypothèse demanderaient à être confirmées.

l'existence du courant polaire comme courant général, si une appréciation erronée de la marche des lignes isothermes n'était venue pour ainsi dire sanctionner cette manière de voir qui séduit par le circuit complet qu'elle donne aux eaux de surface de l'Atlantique Nord.

Ce sont les particularités de la marche de l'isotherme de 27° dans l'hémisphère Nord qui ont donné lieu à cette erreur. On voit sur la carte des courants (carte n° 1, pl. VI), qu'en mars cette ligne est continue à travers l'Atlantique, qu'elle traverse d'Afrique en Amérique.

En septembre, au contraire, cette ligne se trouve divisée en deux branches, dont l'une reste sur la côte d'Afrique et l'autre, partant des hautes latitudes des États-Unis, redescend vers les îles du cap Vert pour retourner vers le fleuve des Amazones. On voit alors entre ces deux branches un passage assez étroit qui semble indiquer la route des eaux froides qui descendent du Nord. Mais cette frappante coïncidence ne supporte pas l'examen.

Si en septembre le passage des eaux froides venant du N. brise l'isotherme de 27°, en octobre ces eaux doivent la briser davantage encore, et l'écartement des deux branches doit aller en croissant jusqu'au mois de mars, car c'est dans cette saison d'hiver que les eaux froides descendent dans le S. davantage et que les vents du N. aident ce mouvement vers le Sud. On devrait donc en mars avoir le maximum d'écartement entre les deux branches. C'est au contraire l'inverse qui se produit, et ces deux branches, au lieu de s'écarter de septembre à mars, se rejoignent pour ne former qu'une ligne d'un bout de l'Atlantique à l'autre. L'écartement des deux branches de l'isotherme n'est donc pas le résultat d'un courant d'eau froide qui descendrait du N. à travers les îles du cap Vert. Les eaux froides qu'on y rencontre ont, en effet, une tout autre origine, et cette origine est la même que celle qui occasionne la basse température du courant équatorial. Ces eaux viennent des profondeurs, et leur ascension est assez rapide pour occasionner souvent entre l'île de Sal et le bas-fond de Birkenhead une mer clapoteuse et chargée d'un limon qui vient du fond de la mer. Si on cherche dans les faits la preuve de ce courant polaire, il est difficile de la trouver, et mes observations personnelles, quoique peu nombreuses, témoignent au moins de son absence, toutes les fois que j'ai traversé les parages qui sont sur le chemin que lui assignent nos cartes.

Enfin, dans l'hypothèse même où ce courant eût existé, au moment où je traversais les eaux légères de la zone équatoriale, comme ces eaux légères étaient beaucoup plus douces que toutes celles que j'avais traversées, depuis Gibraltar, il n'était pas possible d'admettre que, descendant dans le S. et soumises dans leur trajet à l'évaporation de surface, les eaux de ce courant vinssent se présenter à moi plus douces encore que je ne les avais trouvées dans le N.

Le problème de la légèreté des eaux équatoriales ne pouvait donc être résolu qu'en admettant une émersion des eaux profondes. Mais il fallait admettre alors que les eaux profondes étaient moins salées que les eaux de surface, tandis qu'*à priori* les eaux salées étant plus denses, doivent être les plus profondes.

Comme on l'a vu par le dernier tableau, l'analyse chimique est venue sanctionner une hypothèse à laquelle le raisonnement suivant m'avait déjà conduit.

C'est l'évaporation qui occasionne l'accroissement de la salure des eaux. Cette évaporation s'effectue à la surface; c'est donc sur cette surface que la vapeur abandonne les sels qu'elle contenait en dissolution quand elle était encore à l'état liquide. La couche superficielle se trouvant instantanément chargée de ces sels, se trouve plus dense et sa densité la fait passer au-dessous de la couche inférieure qui la supportait et qui surnage. Si elle arrive ainsi jusque dans les profondeurs, elle a successivement abandonné aux couches traversées tout l'excès de salure qu'elle avait à son départ de la surface et elle a pris la salure moyenne de la masse où elle parvient. C'est donc de la surface que partent les couches chargées de sels, et c'est, par suite, près de cette surface que se trouvent les couches où les sels sont le plus concentrés.

C'est ce raisonnement qui a, au reste, dans ces derniers temps fait changer la position des tubes d'extraction dans les chaudières à vapeur marines. Dans les commencements de l'emploi de la vapeur d'eau de mer, les extractions avaient leur prise d'eau dans le fond des chaudières ; on espérait ainsi extraire sous le moindre volume d'eau la plus grande quantité de sel possible. Mais le raisonnement qui précède a fait placer désormais dans les couches supérieures et le plus près possible de la surface de l'eau, les prises de l'extraction qu'on est obligé de pratiquer pour éviter les incrustations salines.

Ainsi le raisonnement indique que dans les points de l'Océan où l'apport des eaux douces à la surface est plus grand que l'évaporation qui s'y produit, la salure doit aller en augmentant avec la profondeur, et que dans les points où l'évaporation, au contraire, est plus grande que l'apport des eaux douces, la salure doit aller en diminuant avec la profondeur.

La discussion de l'origine des eaux légères équatoriales conduit donc aux résultats suivants :

Les couches profondes de ces régions sont moins salées que les couches de surface.

De plus, sous le moindre effet de la dilatation occasionnée par les rayons solaires, ces couches profondes prennent un mouvement ascendant pour venir se montrer à la surface avec un restant de la basse température qui les retenait dans les profondeurs et avec une faible salure occasionnant leur légèreté.

V.

Hypothèse sur l'ensemble de la circulation des eaux dans l'océan Atlantique. — Si on se reporte à la manière dont la densité est distribuée d'un pôle à l'autre, l'ascension des eaux dans la zone équatoriale se trouve être un fait rationnel.

Nous avons, en effet, des eaux légères à l'équateur, des eaux lourdes vers les latitudes élevées et des eaux légères vers les pôles. Dès lors les eaux légères de l'équateur doivent prendre un mouvement ascensionnel pour venir, par un courant de surface, recouvrir les eaux lourdes des latitudes élevées.

De même les eaux légères des pôles doivent prendre un mouvement ascensionnel pour venir, par un courant de surface, recouvrir ces mêmes eaux lourdes des latitudes élevées. Enfin les eaux lourdes de ces latitudes élevées abandonnant la surface aux eaux légères qui les recouvrent, doivent sombrer sur place pour aller par une voie sous-marine remplacer les eaux légères qui se sont élevées.

On a ainsi l'ensemble de la circulation représentée dans les figures 4 et 5 (pl. II). Les teintes plates y indiquent les eaux froides mais douces, et les teintes foncées les eaux chaudes mais salées. Dans la figure 4 les flèches indiquent que les eaux douces et froides de la nappe profonde sont, vers l'équateur, animées du mouvement ascendant qui les amène à la surface. Leur épanouissement donne une onde vers le N. et une onde vers le Sud. Dans le commencement de leur marche vers les pôles, ces ondes s'échauffent et se concentrent ; mais à mesure qu'elles s'éloignent davantage de l'équateur la chaleur diminue, tandis que la concentration augmente toujours. Arrivées vers les hautes latitudes ces ondes sont encore chaudes, mais elles sont très-salées. Sous l'effet croissant du froid et de la salure leur densité devient assez forte pour les faire sombrer, en même temps que la vitesse acquise continue à les porter vers le pôle, où elles sont, au reste, attirées par le mouvement ascensionnel qui s'y produit. La chaleur qu'elles apportent dans les profondeurs des mers polaires, fond le pied des glaces qui s'y trouvent ; l'eau douce qui en résulte les dessale en se mélant à leur masse et la légèreté, résultat de ce mélange, les appelle de nouveau à la surface pour retourner vers les hautes latitudes recouvrir les eaux lourdes qui s'y trouvent. Dans ce retour vers les latitudes élevées elles se concentrent progressivement de nouveau, et lorsqu'elles y parviennent, le peu de sel qui s'est accumulé en elles joint à leur basse température, les fait sombrer de nouveau. La vitesse acquise les porte encore ici vers l'équateur, où les attire, au reste, l'ascension équatoriale qui les ramène à la surface, et elles continuent à circuler ainsi éternellement de l'équateur au pôle et du pôle à l'équateur [1].

Ce circuit que la figure 4 montre dans le plan d'un méridien fait voir que de l'équateur aux latitudes élevées la nappe supérieure est salée et chaude, la nappe profonde y est froide et

---

[1] Il est probable qu'une circulation analogue s'effectue dans le Grand Océan et dans l'océan Indien.

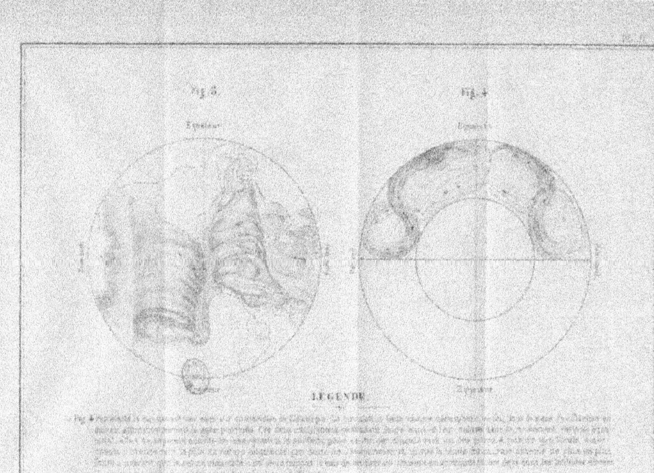

Fig. 3.
Fig. 4.
Équateur
Équateur
LEGENDE

douce; mais au contraire, des latitudes élevées jusqu'aux pôles, la nappe supérieure est froide et douce tandis que la nappe profonde est chaude et salée.

La figure 5 donne la circulation à la surface de l'Océan, et si l'on combine les mouvements de cette circulation avec le mouvement de la terre, on a de suite l'explication rationnelle des grands courants qu'on observe à la surface.

Le mouvement ascensionnel se produit sous l'équateur dans la zone ascendante. On a donc à la surface de cette zone une eau qui, en montant des profondeurs, s'est éloignée de l'axe de rotation de la terre ; elle se trouve donc en retard sur la vitesse de la surface vers l'E., et par suite paraît se diriger vers l'Ouest. C'est la raison d'être du grand courant équatorial.

Dans les hautes latitudes, au contraire, les eaux, en sombrant, se rapprochent de l'axe de rotation de la terre et, par suite, paraissent se diriger vers l'Est. C'est la raison d'être des courants portant à l'E. dans les latitudes élevées et qui s'appellent *Gulf Stream* dans l'hémisphère Nord et courants traversiers et courant polaire antarctique dans l'hémisphère Sud.

La circulation que j'ai donnée a non-seulement des mouvements de chute et d'ascension, mais aussi des mouvements horizontaux tant à la surface que dans les profondeurs et qu se combinent aussi avec le mouvement de la terre d'après les lois indiquées.

Ainsi à la surface équatoriale le mouvement de l'eau a une composante portant à l'O. par suite du mouvement vertical d'émersion, puis une composante Nord par suite de sa tendance à aller recouvrir les eaux lourdes des latitudes élevées; dans ce trajet horizontal, elle prend une composante Est par suite du mouvement de la terre, et enfin sa chute dans ces latitudes élevées lui donne encore une composante Est qui s'ajoute à la précédente. On voit qu'à la surface de ces latitudes élevées le mouvement vers l'E. des eaux chaudes et salées qui viennent de l'équateur doit être très-prononcé.

Si maintenant nous partons du pôle nous verrons que le mouvement de l'eau à la surface a d'abord une composante Sud par suite de la tendance des eaux légères à venir recouvrir les eaux lourdes des latitudes élevées. Dans ce trajet horizontal

les eaux prennent une composante Ouest par suite du mouvement de la terre, et leur mouvement de chute détermine une
composante Est diamétralement opposée à la précédente.

C'est pourquoi les eaux chaudes des latitudes élevées paraissent seules être animées à la surface d'un mouvement rapide vers l'E., tandis que les eaux froides y offrent des courants très-variables sans aucune fixité.

Une marche identique à la précédente conduirait à la déter-
mination des composantes qui président au mouvement des
eaux dans les nappes profondes de l'Océan.

Cette superposition de deux nappes d'eau de température
et de salure différentes marchant en sens contraire donne l'explication des courants inattendus que le marin rencontre en
sillonnant la surface des mers. Dans l'hémisphère Nord, de
l'équateur aux latitudes élevées, la nappe profonde, froide et
douce se dirige vers le Sud. Il peut arriver qu'avant d'atteindre
la zone équatoriale où son émersion se produit en masse, cette
nappe soit suffisamment échauffée en certains points pour
prendre immédiatement un mouvement ascendant. Il se forme
alors d'immenses gerbes ascendantes dont quelques-unes arrivent jusqu'à la surface pour s'y épanouir et y donner à la
mer ces aspects singuliers de flaques plus ou moins régulières,
ou de lignes écumeuses produisant parfois un bruissement qui
fait craindre la présence de bancs ou de récifs sous-marins.
J'ai toujours remarqué que les jours où j'ai rencontré ces
phénomènes en pleine mer, les observations astronomiques
me signalaient un courant portant à l'O., et c'est bien là la direction que doivent prendre les eaux qui viennent d'avoir un
mouvement vertical ascendant. Il faut remarquer cependant
que si le mouvement ascendant les porte vers l'O., l'épanouissement à la surface d'une gerbe ascendante donne lieu
sur son pourtour à un courant qui rayonne dans toutes les di-
rections, et que, de plus, le mouvement primitif que les eaux
avaient dans les profondeurs doit se faire sentir dans la direction définitive qu'elles prennent à la surface.

Considérations pratiques pour la navigation.
— Mes observations personnelles semblent indiquer que c'est

le mouvement ascendant qui détermine plus particulièrement la direction de la résultante finale de surface et qu'on doit s'attendre à être porté vers l'O. lorsqu'une circonstance quelconque fait supposer qu'on traverse des eaux émergeant des profondeurs. C'est aux indices suivants qu'on peut reconnaître si les eaux qu'on traverse proviennent d'une émersion de la nappe profonde.

1° Lignes d'écume à la surface de la mer.

2° Bruissement de la mer.

3° Aspect de la mer par flaques ou par lignes de teintes différentes zébrant la surface des eaux.

4° Une diminution brusque dans la salure ou dans la température des eaux traversées.

Le marin peut tirer encore des indices sur le sens probable du courant où il se trouve en observant la densité de la mer : car on doit toujours voir, à la surface, les eaux légères se porter vers les eaux lourdes pour les recouvrir. Il en résulte qu'en suivant le fil de l'eau d'un courant de surface on doit trouver une densité allant en augmentant. Le courant équatorial continué par le Gulf Stream dans les latitudes élevées m'a donné la confirmation la plus complète de cette loi.

La densité des eaux dans le golfe de Guinée est de 28 à 29 ; elle descend même jusqu'à 27 et 26 dans le fond du golfe. Sur le méridien de 30° longitude O., c'est-à-dire à mi-distance des terres les plus voisines d'Afrique et d'Amérique, la densité des eaux du courant équatorial varie entre 30 et 33 ; dans la mer des Antilles et le golfe du Mexique la densité varie de 34 à 35 ; vers le cap Hatteras la densité des eaux chaudes du Gulf Stream varie entre 35 et 36 ; vers Terre-Neuve ces mêmes eaux ont une densité variant entre 36 et 37 ; enfin à l'entrée du golfe de Gascogne j'ai trouvé que cette densité montait jusqu'à 37,6. On voit que la loi se vérifie dans cet immense parcours, et je suis porté à croire qu'en suivant davantage le fil du courant de ces eaux chaudes on trouverait une densité plus forte encore vers l'Islande et les îles Féroë.

On peut émettre ce principe général que si sur la route d'un navire la densité vient à changer, le courant doit porter de l'eau la plus légère vers l'eau la plus lourde. Mais il faut ex-

cepter de cette règle les contre-courants des courants généraux, car c'est la loi inverse qui doit s'observer dans ces
contre-courants. C'est ainsi que le courant de Guinée qui
commence sur la côte d'Afrique aux environs du cap Vert et
se prolonge jusque dans le golfe de Benin, doit présenter, et
présente, en effet, cette anomalie d'une densité allant en diminuant à mesure qu'on suit le fil du courant.

Courant de la côte septentrionale de Guinée
— Comme on peut le voir sur la carte 1 (pl. VI), on donne généralement ce courant de Guinée comme la continuation du
courant Nord de la côte d'Afrique. Nous avons vu que ce courant polaire n'était qu'accidentel, qu'il devait être rangé dans
les courants dérivés, qu'il était interrompu aux îles du cap
Vert, où les eaux se portaient franchement à l'O. et au S. O.
J'ajouterai enfin que si l'on admet ce courant polaire comme
l'origine du courant de Guinée, on trouve que ce courant polaire est rebelle à toutes les lois du mouvement dans l'hémisphère Nord. On voit, en effet, que les eaux de ce courant
polaire, au lieu de tendre à droite, tendent à gauche pour con-
tourner la côte d'Afrique et s'enfoncer dans le golfe de Guinée.

En étudiant la ligne suivant laquelle se produit l'émersion
équatoriale, je reviendrai sur ce courant de Guinée dont la véritable cause est l'onde de l'émersion qui se déverse au N. et
qui, rencontrant la côte d'Afrique, dévie à droite de son mouvement.

VI.

**Étude des courbes de densité, de température,
de salure, d'épuisement par évaporation.** — Dans
la recherche des particularités que signalent les courbes, je les
suivrai dans le sens où elles ont été relevées, c'est-à-dire du N.
au S. dans la figure 1 (pl. I) et du S. au N. dans la figure 2.

COURBE DE DENSITÉ (pl. I, fig. 1). — Cette courbe présente
une première élévation sur le 28ᵉ degré de latitude N., puis

une autre élévation plus légère sur le 18ᵉ degré. J'attribue la première élévation au voisinage de la côte d'Afrique et des îles Canaries que je venais de quitter. C'est au S. de la grande Canarie que j'ai surtout trouvé une densité très-forte. La seconde élévation me parait provenir du voisinage des iles du cap Vert que j'ai laissées à 20 milles dans l'Est. L'élévation qui s'est produite sur le parallèle de 14° reste sans explication. La chute brusque que l'on remarque entre les parallèles de 8° et 7° N., a eu lieu entre deux observations consécutives, l'une à 4 heures du soir, l'autre le lendemain à 4 heures du matin; la densité est ainsi tombée de 35 à 32 sur un trajet de 15 milles parcourus par le navire dans l'E. S. E. du monde.

L'augmentation brusque qui a lieu entre les parallèles de 1° et 2° N. s'est produite aussi entre deux observations consécutives de 4 heures à 8 heures du matin. Dans cet intervalle le bâtiment avait parcouru 11 milles à l'O. S. O.

Des changements si brusques dans la densité ne s'étaient jamais présentés à moi que sur la rive septentrionale du Gulf Stream. Dans les environs de Terre-Neuve en passant des eaux froides dans les eaux chaudes, j'avais vu la densité passer de 35 à 36 et de 36 à 37 dans l'espace de 30 milles; si l'on remarque que les eaux dans le sein de la masse fluide sont constamment à la recherche, incessamment à la poursuite de leur position d'équilibre, ces changements brusques de densité se trouvent inexplicables sans la supposition de courants verticaux de chute ou d'ascension. On comprend, en effet, que sur la lisière de pareils courants verticaux la densité puisse changer rapidement de valeur.

A partir du parallèle de 1° N. la courbe de densité reste à une hauteur constante jusqu'au parallèle de 11° S., et après avoir atteint la valeur 36 sur le parallèle de 13°, elle reste constante jusqu'à la fin des observations de cette première traversée. La régularité de la valeur de la densité dans l'hémisphère Sud fait certainement contraste avec les variations observées dans l'hémisphère Nord; la figure 2 donne lieu à une observation analogue. Je suis porté à croire que la différence que la courbe présente dans son allure au N. et au S. de l'émersion équatoriale tient à deux causes dont l'une, permanente, est la permanence dans l'hémisphère Nord de la zone émergente des eaux légères, et l'autre, périodique, est due à la position de cette zone émergente dans son déplacement annuel.

Comme je l'ai dit, la densité de la figure 2 doit être étudiée à partir du Sud. On voit la courbe, à part deux ondulations légères, présenter une ligne droite jusqu'au parallèle de 1° N. La chute dans les eaux légères équatoriales est moins brusque que dans la figure 1, mais elle est plus profonde; la densité descend, en effet, de 35 à 30.

Si on jette les yeux sur la carte n° 2 (pl. VII), on verra que mes deux routes aller et retour se coupent dans la zone des eaux légères, et que par suite les observations faites dans cette zone y constatent le changement survenu de juin à septembre. Or, on sait d'après la marche des isothermes que c'est en septembre que l'action solaire a produit sur les eaux de l'hémisphère Nord son maximum d'effet; il est donc rationnel de trouver à cette époque l'émersion équatoriale dans toute son activité et arriver à la surface avec la densité minimum qu'elle doit présenter dans le courant de l'année.

Cette concordance paraît confirmée par la position du fond de l'échancrure de la courbe et par la forme de sa branche Nord dans la figure 2 (pl. I). On voit, en effet, dans cette figure que le fond de l'échancrure s'est sensiblement déplacé dans le N. et que la branche qui vient ensuite s'élève progressivement et semble indiquer que l'émersion se propage assez haut dans cet hémisphère où le maximum de chaleur se fait sentir.

Ce n'est que sur le tropique du Cancer que la courbe prend sa hauteur moyenne de 35 (exactement 34,8).

Courbe de température. — En suivant cette courbe dans le même sens que la précédente, on la voit dans la figure 1 (pl. I) à une hauteur à peu près constante depuis son départ de Gibraltar jusqu'au S. de la grande Canarie. En ce point toutes les courbes prennent une subite élévation. Mais tandis que la densité et la calure ne montrent à vrai dire qu'un soubresaut, la température, au contraire, maintient sa hauteur pour croître ensuite progressivement en se rapprochant de l'équateur. Si on fait abstraction de la courte oscillation qui se remarque entre les parallèles de 4° et 6° N. tant au-dessus qu'au-dessous de sa position moyenne, on voit que la courbe vérifie l'observation que j'ai citée de M. Boutroux et que les températures les plus élevées paraissent sur les parallèles de 8° et 9° tant au N. qu'au S. de l'équateur.

La courte oscillation dont j'ai parlé entre les parallèles de 4° et 6° N. relève d'abord la courbe entre les 6° et 5° degrés, précisément au point où les pluies sont le plus abondantes; ce qui semblerait indiquer que la pluie n'a qu'une faible influence sur la température de la mer, quoique l'eau de cette pluie soit toujours de 2°, 3°, et même 4° inférieure à celle de l'air et de la mer.

Cette oscillation de la température de surface au-dessus de sa valeur moyenne provient certainement d'une zone d'eaux denses et salées que signalent les deux autres courbes. Mais la présence de cette étroite zone d'eaux lourdes, chaudes et salées au milieu de la zone des eaux légères, est restée pour moi sans explication satisfaisante.

Après cette oscillation au-dessus de la position moyenne vient une chute brusque au-dessous. Cette chute de la température se trouve par 4° 40' et semble correspondre au milieu de l'échancrure de la densité, c'est-à-dire au milieu de la zone des eaux légères.

On est porté à croire qu'elle indique le point où l'émersion est la plus active et où l'eau arrive à la surface en y apportant d'une manière plus marquée le froid et la douceur qu'elle possède dans les profondeurs d'où elle vient.

Dans l'hémisphère Sud, la courbe, après s'être maintenue d'une façon assez régulière jusqu'au parallèle de 19°, commence à descendre rapidement avec de brusques oscillations.

Comme la salure suit nécessairement ces oscillations pour laisser à la densité la valeur constante qu'elle présente, on est conduit à admettre, dans cette partie de l'Océan, de grands mouvements tumultueux dans le sein de la masse fluide.

Au voyage de retour, le mouvement tumultueux, dans cette partie de l'Océan, serait plus considérable encore, car la courbe de température dans la figure 2 nous montre dans les mêmes latitudes des variations très-saccadées. Cette courbe n'arrive à une grande hauteur que sur le parallèle de 14° Sud. Elle s'élève alors d'une façon lente et régulière à mesure qu'elle s'approche de l'équateur. Elle passe dans l'hémisphère Nord, où elle atteint son maximum, ce qui est naturel, puisqu'on est en septembre; mais il est à remarquer que ce maximum est encore entre les parallèles de 8° et 9°, quoique la saison soit changée, et qu'il est plus élevé dans la fig. 2 que dans la fig. 1, à cause, sans aucun doute, de ce changement de saison. Il faut remarquer enfin que ce maximum en septembre se trouve encore ici sous les pluies que j'ai traversées.

COURBES DE SALURE. — Les courbes de salure indiquent dans les deux figures qu'il existe un minimum de salure dans la même zone équatoriale où existe le minimum de densité. En partant de ce minimum situé dans l'hémisphère Nord et en allant vers chacun des pôles, on arrive, d'après les courbes tracées, à un maximum qui ne s'écarte pas de l'équateur au delà du 30° degré de latitude. A partir de ce maximum la salure décroît à mesure qu'on se rapproche davantage des pôles.

MINIMUM DE SALURE. — D'après les courbes de salure la position de ce minimum serait donnée par le tableau suivant, dans lequel je mets à la troisième ligne la position indiquée par l'analyse chimique de M. Roux de Rochefort sur les eaux recueillies par M. le capitaine Guérin en 1861 dans une campagne faite à Bourbon avec le *Prophète*. (*Annales hydrographiques*, 3° trimestre 1864.)

Époques.	Position du minimum de salure	Longitudes.	Observations.
Juin..............	Ent. 4° et 5° lat. N.	28° long. O.	Par courbe 1.
Septembre........	— 6 et 7 —	25 20 — —	Par courbe 2.
Septembre........	— 5 et 6 —	21 49 — —	Par analyse chimique.

L'analyse chimique vient ainsi confirmer les résultats que m'avait donné la combinaison de la densité et de la température pour obtenir la salure des eaux de ces parages.

Il est probable que ce minimum de salure se déplace aussi avec le soleil et qu'il a un mouvement annuel d'oscillation au N. et au S. d'une position moyenne.

En juin il doit être à sa position moyenne, vers 4° latitude Nord. En septembre il doit être à son extrême limite Nord, vers 6° latitude Nord. En décembre il doit être revenu à sa position moyenne. En mars il doit avoir atteint son extrême limite Sud. Je n'ai malheureusement aucune observation à cette époque de l'année qui puisse désigner un parallèle approximatif comme limite Sud de l'oscillation annuelle; mais il est très-probable que ce minimum ne descend jamais au-dessous de l'équateur; néanmoins les positions que je donne ne peuvent elles-mêmes être considérées que comme très-approximatives. Ainsi, en étudiant les observations de la *Cornélie*, je trouve qu'en novembre 1860 le minimum de salure était par 1° 15' latitude N. sur le méridien de 30° longitude Ouest. Or, si ce minimum est sur le parallèle de 4° à sa position moyenne en juin et décembre, il devrait dans le courant de novembre être encore au N. de ce parallèle.

MAXIMUM DE SALURE. D'après les courbes les salures maximum sont situées comme l'indique le tableau suivant, qui contient aussi la position de ces maxima donnée par l'analyse chimique de M. le docteur Roux.

Époques.	Long. Ouest.	Hémisphère Nord position du maxim. de salure	Hémisphère Sud position du maxim. de salure	Long. Ouest.	Observations.
Juin	28°	Ent. 14° et 18°lat. N.	Ent. 14° et 16°lat. S.	37	Courbe n° 1.
Septemb.	32	Vers 25° lat. N.	— 0 et 11 lat. S.	32	Courbe n° 2.
Septemb.	21	Vers 33 lat. N.	Vers 13° lat. S.	28	Analyse chimique.

On voit encore ici que l'analyse chimique confirme à très-peu de chose près les résultats que j'ai obtenus en septembre. Ces points de salure maximum doivent suivre aussi le soleil dans son mouvement annuel, et les observations faites en septembre doivent donner leur position extrême vers le pôle Nord.

Dans la traversée que je viens de faire de France au Gabon, j'ai recueilli des observations qui feront le sujet d'une note spéciale : le tableau de ces observations, recueillies dans le courant de mars dernier, me donne le maximum de salure dans l'hémisphère Nord entre les parallèles de 20 et 25°. Je me trouvais alors sur le méridien de 22° longitude O.

D'après ces résultats on peut très-approximativement dire que dans l'hémisphère Nord, entre les méridiens de 22° et 30° ou 37° de longitude O., le maximum de salure se trouve en mars vers le parallèle de 20 ou 25° et en septembre vers le parallèle de 30° ou 33°, ayant ainsi une amplitude de 8° à 10° en latitude.

Il faut attendre que des observations faites en mars dans l'hémisphère Sud nous donnent une idée de l'amplitude des oscillations annuelles du maximum de salure dans cet hémisphère.

COURBE D'ÉVAPORATION — La courbe d'évaporation ne commence que par 9° 30' de latitude N. ; c'est la latitude moyenne de ma première observation de 24 heures. Mais par suite du temps qu'il a fait les jours précédents, je suis en droit de croire que sur toute la zone des eaux légères que je terminais de traverser, l'évaporation a été au moins aussi forte que celle de cette première observation.

L'évaporation faible du deuxième jour fait brusquement descendre la courbe ; c'est que les grains, presque insignifiants jusque-là, commencent à donner une quantité très-appréciable d'eau de pluie. Le troisième jour la pluie est plus abondante encore et l'évaporation étant négative, la courbe descend au-dessous du zéro ; c'est, à vrai dire, le seul jour de pluie de cette traversée.

Malheureusement un accident m'a empêché de mesurer la quantité dont le niveau de l'eau s'était élevé dans les éprouvettes exposées à l'évaporation, et le point de la courbe reste indéterminé. La suite de la courbe montre que l'évaporation va en augmentant à mesure que je m'éloignais de l'équateur pour me rapprocher du tropique. L'évaporation maximum a en lieu sous le parallèle de 27° et s'est produite en même temps que le ciel a changé d'aspect.

Les petits nuages en balle de coton qu'on aperçoit dans les vents alizés avaient disparu pour faire place à des nuages stratifiés horizontalement qui couvraient presque tout le ciel dans les hautes régions de l'atmosphère. Je me trouvais à la naissance des vents alizés de l'hémisphère Nord, et les couches supérieures de l'air formaient en descendant ces nuages étagés par couches horizontales.

A partir de ce maximum la courbe descend jusqu'à son extrémité placée sur les Açores. Sur tout le parallèle de 36° suivi depuis ces îles jusqu'à Gibraltar l'évaporation moyenne est de 9^{mm} 3. Il faut donc en cette saison remonter beaucoup plus Nord pour atteindre le parallèle sur lequel la précipitation est égale à l'évaporation.

Si on prend la moyenne de l'épuisement de l'évaporation depuis le parallèle de 8° sur lequel l'eau a commencé à être exposée à l'air libre jusqu'à celui de 36° où finissent les données recueillies, on trouve 11^{mm} 9 pour évaporation en 24 heures, ce qui donne 4^m 344^{mm} d'évaporation par année. M. Maury évalue à 5 mètres l'épaisseur moyenne de la couche d'eau enlevée par évaporation entre les tropiques.

D'après la courbe, un maximum d'évaporation se trouve au-dessus des eaux légères équatoriales; en montant vers le N. on rencontre sur leur lisière les pluies équatoriales qui donnent lieu à un minimum excessif, puisque l'évaporation devient négative, et la courbe indique ainsi la zone de précipitation. Après ces pluies on pénètre dans les vents alizés du N., dans lesquels l'évaporation augmente progressivement à mesure qu'on se rapproche de leur origine, où elle atteint son maximum. A partir de ce maximum l'évaporation diminue à mesure qu'on se rapproche davantage du pôle.

Il est à remarquer que le maximum de salure se trouve sur le même parallèle que le maximum d'évaporation. Cette concordance, pour être logique, oblige d'admettre que ce ne sont pas toujours les mêmes eaux qui sont à la surface de la nappe supérieure allant de l'équateur aux latitudes élevées; car si les mêmes eaux se trouvaient toujours à la surface, comme leur concentration progressive se continue encore au-dessus du parallèle d'évaporation maximum, on devrait trouver le maximum de salure bien au N. du maximum d'évaporation.

PLUIES ÉQUATORIALES. — J'ai indiqué sur les figures 1 et 2 (pl. I) par un trait noir la position des pluies équatoriales que j'ai rencontrées. Dans la figure 1 le trait est plein et continu, parce que les pluies ont été abondantes et presque constantes. Dans la figure 2 au contraire, le trait est tracé par points pour indiquer que les pluies ont été très-peu abondantes et se sont présentées par grains. La position de ces traits indique à très-peu près la position des calmes et des brises variables que j'ai rencontrés dans ces parages et qui, je crois, sont constamment placés sur la lisière Nord des eaux légères équatoriales.

VII.

Tracé approximatif de la ligne d'émersion équatoriale. Direction que suivent les nappes profondes de l'océan Atlantique. — En étudiant les différents courants que l'on éprouve dans le golfe de Guinée, sur la côte d'Afrique et dans les îles du cap Vert, la côte de Guyane, sur la pointe occidentale de Cuba, dans le golfe du Mexique, aux environs des Antilles, au N. de Saint-Domingue et des Lucayes, et dans le vieux canal de Bahama ; en coordonnant ces courants avec les observations que j'ai pu faire en plusieurs de ces points sur la densité, la température et la salure des eaux, j'ai tracé sur les cartes n° 1 et n° 2 une ligne qui doit approximativement représenter la position de l'émersion équatoriale.

Mais on conçoit que suivant la saison cette ligne se déplace, et j'estime de 40 à 50 lieues l'amplitude de son mouvement tant au N. qu'au S. de la position moyenne que je donne.

Les eaux froides et douces qui partent du pôle Sud à la surface doivent sombrer au S. de la ligne qui joint le cap Horn au cap de Bonne-Espérance : leur chute occasionne sur le fond un mouvement à l'E. ; mais à mesure que dans les profondeurs elles progressent vers le N., elles devient à gauche de leur mou-

Figure A donnant la température de l'eau à différentes
profondeurs dans le courant du Gulf-Stream, extraite de
l'ouvrage de Mr MAURY, traduit par Mr VANÉECHOUT 1859
Les chiffres du tableau B page 74 sont relevés sur la figure même
donnée par Mr MAURY.

Fig. A.

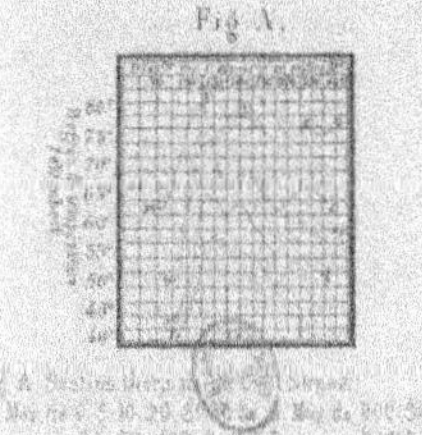

vement, lequel redevient Nord, puis N. O. près de l'équateur. La partie de cette nappe qui remonte le long de la côte Ouest d'Afrique et occupe les profondeurs du golfe de Guinée doit surgir à la surface sur le premier obstacle qui détermine un premier mouvement ascensionnel. C'est donc autour de l'île Anno Bon que doit être le point le plus oriental de la ligne suivant laquelle les eaux émergent des profondeurs à la surface aux environs de l'équateur. L'île Anno Bon va donc se trouver à l'origine du courant équatorial et à l'origine de la ligne d'émersion. La partie de la nappe située plus à l'O. vient se relever aux approches de la côte septentrionale de Guinée; plus à l'O. encore cette nappe doit pénétrer dans l'hémisphère Nord jusqu'au point où elle est arrêtée par la nappe profonde venant du N. aux environs du cap Vert et de ses îles; plus à l'O. encore, au milieu de l'Océan, la rencontre des deux nappes profondes se fera plus près de l'équateur; enfin la partie occidentale de la nappe profonde venant du S. vient heurter la côte orientale d'Amérique Sud, où elle doit se montrer par intervalles au-dessus des hauts-fonds qui la bordent. Il doit donc exister sur cette côte un courant sous-marin se dirigeant vers l'équateur et montant obliquement des profondeurs à la surface. Ce courant sous-marin ayant une direction N. E., vient, je crois, émerger à la surface sur les méridiens de 28° ou 30° de longitude O. par 4° ou 5° de latitude N. Je reviendrai sur ce courant en parlant du courant circulaire et des remous de courant que j'ai rencontrés en ce point de l'Océan (chapitre X, page 65).

La ligne d'émersion de la nappe profonde venant des hautes latitudes S., partira donc d'Anno Bon (cartes n° 1 et n° 2), se dirigera parallèlement à la côte d'Afrique à une distance moyenne de 100 lieues, contournera cette côte jusqu'au parallèle de 8° N., remontera au N. à partir de ce point pour se diriger vers l'archipel du cap Vert entre cet archipel et le cap et passera à 30 lieues environ à l'E. de Boavista.

On conçoit que l'onde qui se déverse à droite de cette ligne d'émersion, court perpendiculairement sur la côte qui la fait dévier à droite et fait naître ainsi le courant de Guinée qui suit la côte jusqu'au fond du golfe de Benin.

Je viens d'avoir entre les mains les cartes de M. Brito Capello, officier de la marine portugaise, qui a tracé sur ses cartes le résultat moyen d'un grand nombre d'observations faites sur le courant de Guinée et sur la partie du courant équatorial qui le borde. La ligne de séparation des deux courants qui vont en sens contraire s'y trouve tracée par saison ; or, cette ligne de séparation doit être parallèle à l'émersion qui se produit plus au S., et comme l'émersion a un mouvement annuel, la ligne de séparation doit participer de ce mouvement et c'est, en effet, ce que constatent les cartes de M. Brito Capello, qui lui donnent en septembre sa position extrême Nord et en mars sa position extrême Sud. Tous les phénomènes que cet officier signale dans ces deux grands courants du golfe de Guinée trouvent leur explication dans le fait de l'émersion équatoriale le long d'une ligne voisine de celle que j'ai tracée. J'ajouterai que le bord oriental de cette nappe qui pénètre entre les deux continents doit se relever sur la côte Ouest d'Afrique et là tendre à gauche, c'est-à-dire au N. le long de cette côte. Elle doit se relever aussi le long de la côte du Brésil et là tendre à gauche encore, ce qui la jette ici dans le S., et comme le courant des profondeurs porte au N., les deux effets s'ajoutent sur la côte d'Afrique pour porter au N. et se retranchent sur la côte du Brésil pour porter au Sud. On voit que la configuration des terres permet à cette nappe de franchir l'équateur, et c'est ce qui maintient dans l'hémisphère Nord toute la zone émergente des eaux équatoriales.

Quant à la nappe profonde de l'hémisphère Nord qui vient émerger vers l'équateur, elle doit avoir une tendance vers l'E. au moment où, quittant la surface dans le N. du Gulf Stream, elle arrive en sombrant dans les profondeurs. Elle vient heurter d'abord les côtes d'Irlande, d'Angleterre et de France, qu'elle ronge dans les profondeurs ; elle doit courir au S. sur la côte de Portugal et incliner au S. O. vers Madère et les Canaries. La rencontre des côtes doit la faire dévier à droite et le courant profond doit franchement porter au S. sur la côte Ouest d'Europe. En passant à travers les îles du cap Vert elle arrête la nappe profonde venant du S., et la ligne d'émersion devient commune aux deux nappes.

La lisière orientale de cette nappe profonde du Nord s'avance alors au S. O. en refoulant la nappe venant du S. et finit par heurter les premiers bas-fonds de la côte d'Amérique à l'O. de San Roque, dans les environs de Maranhão. La partie plus Ouest de la nappe se relève et émerge sur les premiers bas-fonds de la Guyane, des Antilles, des Lucayes, pénètre dans le mer des Antilles, se relève encore sur la côte qui borde cette mer dans le S., et pénètre enfin dans le golfe du Mexique en passant dans les profondeurs des canaux qui donnent accès dans ce golfe.

Ainsi la ligne d'émersion de la nappe profonde venant du N. prend naissance à l'E. de l'archipel ou dans l'archipel des îles du cap Vert, coupe le parallèle de 8° N. sur le méridien de 25° longitude O., coupe le parallèle de 4° N. sur le méridien de 28° ou 30° longitude O., arrive sur le parallèle de 2° par 35° de longitude O., suit ce parallèle jusqu'au méridien de 45°, remonte au N. O. parallèlement à la côte des Guyanes, passe à 130 lieues environs au large de l'embouchure des Amazones, et enfin, arrivée sur le méridien de 60 longitude O., elle se bifurque en deux branches. La branche septentrionale continue à se diriger au N. O., passe au vent des Antilles qu'elle contourne dans le N. des débouquements jusqu'aux Lucayes. La seconde branche pénètre dans la mer des Antilles aux environs de la Barbade et enfin dans le golfe du Mexique en contournant le cap Catoche. Mais dans ces deux mers la ligne s'élargit considérablement, et c'est à peu près tout leur bassin profond qui indique la surface d'émersion qui s'y produit.

Hypothèses de l'action qu'elles peuvent avoir sur l'aiguille aimantée. — Si l'on examine sur la carte n° 2, pl. VII, les lignes qui indiquent les égales déclinaisons de l'aiguille aimantée, on voit dans l'hémisphère Nord les lignes de 20°, 22°, 25°... etc., de variation N. O. donner l'image parfaite des ondes successives de la nappe profonde qui vient du N. et se dirigent vers l'équateur en suivant la route que le raisonnement m'a conduit à leur assigner. La coïncidence est plus frappante encore dans l'Atlantique Sud, et les lignes de 27°, 25°, 20°... de variation donnent l'image parfaite des ondes qui, dans les profondeurs, débouchent du cap de Bonne-Espérance, montent dans le golfe de Guinée et se répandent sur la côte de l'Amérique Sud.

Est-ce là un simple jeu du hasard, ou existe-t-il une relation directe entre la déviation de l'aiguille et la direction suivie par les nappes profondes de l'Océan qui s'avancent vers l'équateur? Serait-ce le frottement de ces nappes sur l'écorce terrestre qui déterminerait un dégagement d'électricité et provoquerait la déviation de l'aiguille?

Et, dans cette hypothèse, n'est-on pas en droit de conclure que cette déviation de l'aiguille est différente suivant qu'on l'observe à la surface des eaux ou dans leur profondeur? Or, les observations très-rares faites sur la direction des courants sous-marins supposent que la déviation est la même dans les profondeurs où plonge la boussole qu'à la surface où on mesure sa valeur.

On est conduit à penser encore que les variations annuelles et séculaires de la déclinaison de l'aiguille aimantée peuvent être le résultat des variations annuelles ou séculaires que les courants sous-marins peuvent éprouver, et que peut-être même toute l'aimantation du globe n'est que le résultat du frottement permanent des nappes profondes de l'Océan sur la croûte terrestre qui les supporte. J'ai cru devoir indiquer ici une coïncidence singulière; mais les questions qu'elle soulève étant en dehors du cadre que je me suis tracé, je reviens à la ligne d'émersion de la zone équatoriale.

Surélévation des eaux légères équatoriales. — La légèreté des eaux sur la ligne d'émersion entraîne forcément une élévation de leur niveau au-dessus du niveau moyen. Cette élévation est augmentée encore par la vitesse acquise dans le mouvement ascensionnel. La surélévation qui provient de cette double cause produit une surface bombée, convexe, facilitant l'écoulement au N. et au S. des eaux qui proviennent des profondeurs. Si on donne 2,000 mètres d'épaisseur à la couche des eaux lourdes à 35 de densité et qu'on prenne 30 pour densité des eaux légères, il sera facile d'avoir la surélévation x des eaux légères. Nous savons, en effet, que l'eau de densité moyenne à 35 pèse 1027 grammes et que par suite il faut multiplier par 0,772 la densité de l'aréomètre pour avoir les grammes du poids d'un décimètre cube de l'eau considérée [1] : Nous avons donc 1027 et 1023.1 comme poids du litre des deux eaux qui se font équilibre et x nous est donnée par la proportion,

$$\frac{2000}{2000 + x} = \frac{1023.1}{1027}, \text{ d'où } x = 7^m62.$$

Je ne tiens compte ici ni de la surélévation que peut produire la vitesse verticale d'ascension ni de celle occasionnée par la baisse barométrique qui s'observe généralement au-dessus de ces eaux légères. Je n'ai malheureusement aucune donnée sur l'épaisseur réelle de ces eaux lourdes qui bordent les eaux légères, épaisseur qui, au reste, doit être très-variable d'un point à un autre. Quelle que soit la valeur de ce dénivellement, les lois de l'équilibre dans les fluides communiquant permettent de dire que ce dénivellement existe ; mais l'ondulation produite embrassant un espace de plusieurs lieues en latitude, on conçoit que l'œil le plus exercé ne saurait s'en rendre compte.

Au milieu de l'Océan la ligne d'émersion se trouve être la ligne de rencontre des deux nappes profondes Nord et Sud. Cette ligne prolongée joindrait à peu près le cap Vert au cap San Roque. On doit trouver sur cette ligne des courants très-variables occasionnés par le déplacement de la ligne d'émersion. On sera porté à l'E. si on est dans l'onde qui se déverse à droite, et à l'O. si on est dans l'émersion même ou dans l'onde qui se déverse à gauche ; de plus, les remous qui se produisent dans les profondeurs doivent parfois arriver jusqu'à la surface.

Courants de la côte Nord de l'Amérique Sud. — Nous avons vu, dans le golfe de Guinée, l'émersion produire le courant équatorial et le courant de Guinée ; sur la côte d'Amérique des faits analogues viennent se produire. La ligne d'émersion court ici vers le N. O. L'onde qui se déverse à gauche va dans le S. O. perpendiculairement à la côte d'Amé-

---

[1] Une série d'observations très-délicates vient de me donner 0,774 pour multiplicateur.

rique qui la dévie à droite et fait naître le fort courant Ouest
et N. O. que l'on observe sur cette côte. L'onde qui se déverse
à droite irait franchement au N. E., puis à l'E. si le mouvement ascensionnel ne lui avait imprimé une certaine vitesse à
l'Ouest. Mais sitôt que cette onde devient courant de surface,
elle tend à droite et peut revenir au N. E. et à l'E., elle peut
même revenir jusqu'au S. E. en rencontrant l'obstacle des eaux
lourdes qui bordent les eaux légères et former ainsi un contre-
courant au grand courant qui porte au N. O. près de la côte.

J'ai tracé sur la carte les courants éprouvés par Lapérouse,
d'Entrescateaux, Feycinet… et les courants de toutes les
routes qui sont données par M. le commandant Lartigue à la
fin de ses Instructions nautiques sur les côtes de la Guyane
française. Tous ces courants trouvent leur explication dans l'é-
mersion des eaux profondes sur la ligne que j'ai tracée. Il
faut tenir compte cependant du déplacement du soleil et laisser
accomplir à cette ligne son oscillation annuelle dans les limites
d'amplitude que j'ai données.

Sur la côte de la Guyane le déplacement de la ligne que
j'ai tracée a lieu surtout vers le N. E. ; mais là encore elle ne
s'écarte pas à plus de 40 lieues de sa position moyenne.

Dans ce même ouvrage, M. Lartigue discute et repousse l'o-
pinion qui attribue à l'Amazone le courant Est que l'on rencontre souvent à 150 lieues de la côte de Guyane.

Parmi les nombreux exemples qu'il cite, je choisis celui de la
Lyonnaise :

« La *Lyonnaise* se trouvait à 150 lieues dans le N .de l'em-
« bouchure de l'Amazone, à 200 lieues dans l'E. de l'Orénoque,
« par conséquent à 90 lieues dans le N. E. de Cayenne. Elle
« s'est trouvée pendant deux jours avec des vents très-faibles
« au milieu d'eaux d'une teinte verte très-foncée, comme celle
« des eaux qui sont sur des fonds de vase. Les courants l'ont
« portée pendant ces deux jours de 18 milles dans le S. 18° O.,
« c'est-à-dire vers la terre, tandis que les courants qui auraient
« pu porter à une si grande distance les vases des rivières
« auraient dû s'incliner vers l'Est. *La Lyonnaise était partie de*
« *Cayenne, et, après avoir quitté les fonds sur lesquels les eaux*
« *sont toujours troubles, elle naviqua pendant trois jours dans*

« *une mer limpide avant de rencontrer la mer verdâtre dont*
« *on vient de parler.* »

La mer verdâtre qu'a rencontrée la *Lyonnaise* n'était point,
en effet, l'eau vaseuse que l'Amazone et l'Orénoque charrient à
leur embouchure. Après avoir quitté ces eaux vaseuses, avoir
navigué pendant trois jours dans des eaux limpides en s'éloignant de la côte, elle arrivait dans l'onde qui se déverse à
gauche de la ligne d'émersion : elle se trouvait ainsi portée
au S. S. O. par cette onde qui, venue du fond, apportait cette
couleur verdâtre.

Dans la reconnaissance hydrographique faite en 1842 et 1843
par le brick la *Boulonnaise* à l'embouchure de l'Amazone,
M. l'amiral de Montravel a fait de très-intéressantes observations sur les courants et les marées de cette côte. Il a fait
en pleine mer, à 100 lieues dans le N. E. de l'embouchure du
fleuve, la singulière rencontre d'une île flottante de 200 mètres
de diamètre sur laquelle on prit une iguane encore vivante.

Les fluctuations de la ligne d'émersion à droite et à gauche
de sa position moyenne donnent l'explication de cette rencontre singulière. L'île a d'abord été entraînée vers le N. O.
en sortant du fleuve, puis, obliquant à droite par le fait de son
mouvement, elle est arrivée près de la ligne d'émersion qui
s'est déplacée au-dessous d'elle et l'a mise dans l'onde qui se
déverse à droite : l'île s'est alors trouvée entraînée au N. E.,
à l'E. et même au S. E. On peut supposer encore que l'île a
traversé la ligne d'émersion en un point où cette émersion
avait momentanément disparu, et qu'après le passage de l'île
l'émersion s'étant de nouveau fait sentir, l'île s'est trouvée
dans l'onde qui se déverse à droite.

Pororoca et mascaret. — Les anomalies nombreuses
que présentent les marées de ces parages trouvent leur explication dans la présence au large du vaste bourrelet liquide des
eaux légères. Ce bourrelet, qui suit la ligne d'émersion, doit
avoir des hauteurs très-diverses et très-variables sur le parcours de cette ligne, car cette hauteur dépend de l'énergie de
l'émersion, qui dépend à son tour de la chaleur, de la nature
du fond, de la vitesse avec laquelle les nappes profondes se

joignent dans les profondeurs, et d'autres causes qu'il n'est pas possible de préciser.

Le bourrelet court au N. O. et l'attraction lunaire rencontrant ce bourrelet sur son passage, trouve une onde toute faite qu'elle entraîne vers l'Ouest. La marée qui résulte du passage de cette onde peut ainsi avoir de grandes variations de hauteur dans un même point de la côte ou dans des points tres-rapprochés.

Le phénomène le plus remarquable que produit cette onde entraînée par l'attraction lunaire est le phénomène de mascaret connu sous le nom de *prororoca*.

« Dès que les eaux ont cessé de descendre, dit M. l'amiral
« de Montravel, on entend vers le large un bruit effroyable qui
« approche rapidement et avec intensité. On voit bientôt dans
« cette direction une lame de 15 pieds d'eau qui s'avance
« comme une muraille poussée avec une vitesse extrême et
« renversant tout sur son passage. Cette première lame est
« souvent suivie d'une seconde, d'une troisième et quelquefois
« d'une quatrième. Puis, quand ces vagues, qui se sont suc-
« cédé à de courts intervalles, ont passé, il ne reste plus de
« leur passage que le bruit qui s'éloigne et les ravages qu'elles
« ont fait sur les îles qu'elles ont rencontrées. Le courant de
« flot continue régulier, mais sans élever sensiblement le ni-
« veau des eaux, qui ont acquis presque toute leur hauteur de
« 13 mètres dans le voisinage du cap Nord dans le court es-
« pace de temps de 10 minutes environ qui s'est écoulé entre
« la première et la dernière lame. »

Dans son passage au méridien la lune saisit, pour ainsi dire, ce bourrelet liquide qui se trouve au large, et le traîne après elle jusqu'à la côte. Dans son trajet le bourrelet se divise en plusieurs lames, et si l'attraction est insuffisante, cette subdivision en lames successives les amortit et les fait disparaître en totalité ou en partie avant leur arrivée jusqu'à la côte; mais aux époques des syzygies, l'attraction lunaire plus puissante fait persister plus longtemps l'onde du bourrelet et elle arrive jusqu'à la côte pour y déferler avec fureur. Le prororoca se fait sentir en effet aux époques des syzygies et présente toute son intensité sur la partie de la côte qui court N. et S.

et fait face à l'E. d'où vient la lame du large. On conçoit que,
par réflexion de l'onde, il se fasse vivement sentir aussi dans le
Guama, confluent du Guajara. Le Guama court de l'E. à l'O.
et présente son embouchure droit en face de la côte qui reçoit
le premier choc de la lame du large.

Hauteur des marées. — Cette explication du prororoca me paraît si concordante avec les faits observés que je me
trouve conduit à attribuer à une cause analogue le phénomène
si remarquable des marées qui se produisent sur nos côtes de
l'Océan et de la Manche.

On attribue généralement la hauteur excessive de nos marées
à la présence des terres qui gênent le mouvement des eaux.
Cette explication est cependant insuffisante. On conçoit bien
que la présence des terres, en gênant le mouvement des eaux,
accélère la vitesse de ce mouvement et occasionne des courants de marée plus rapides ; mais si les eaux sont gênées dans
leur mouvement, on est en droit de s'attendre à des hauteurs
de marée moins fortes que si les eaux étaient libres d'atteindre
leur hauteur normale.

D'autre part, comment expliquer la hauteur de 6 mètres de
marée que l'on trouve à l'île d'Aix, par exemple, alors que sur
la côte de Portugal, sur la côte d'Afrique, au fond du golfe de
Guinée, on n'éprouve que des marées de 1 à 2 mètres. Ces
derniers points, plus voisins de l'équateur, sont pourtant plus
soumis que les ports du N. à l'attraction céleste.

Je suis très-porté à croire qu'il existe un dénivellement des
eaux sur les côtes où se produisent les grandes marées ; que ce
dénivellement est occasionné par l'émersion de la nappe profonde qui, en heurtant les abords de ces côtes, se relève et
amène à la surface les eaux douces des profondeurs. Il doit
exister aux abords de ces côtes une zone d'eaux légères formant
un bourrelet que l'attraction lunaire fait successivement passer
à l'E. et à l'O. d'une position moyenne. C'est à ce bourrelet
qu'il faut attribuer le mascaret que nous éprouvons dans plusieurs de nos rivières. On peut voir sur nos côtes les effets de
la nappe profonde qui se relève à leur approche pour former
le bourrelet, car tout en se relevant sur nos côtes, l'action in-

cessante de cette nappe profonde les ronge lentement et ne laisse subsister au large que les nombreux écueils qui les bordent. La côte Sud d'Angleterre se trouve à l'abri de cette action, parce que, comme je l'ai indiqué, la nappe profonde vient du N. O. dans nos latitudes élevées ; aussi cette côte est saine et les marées moins fortes à cause de l'éloignement du bourrelet qui occasionne leur hauteur. Tout au contraire les côtes Ouest d'Angleterre, d'Irlande et d'Ecosse montrent par leurs déchirures et les écueils qui les bordent qu'il se passe sur elles un phénomène analogue à celui qui se passe sur les nôtres. L'observation attentive de la densité de l'eau, tant au large qu'aux abords de ces côtes, nous révélerait probablement la position de la ligne d'émersion qui les contourne du côté du large, et la position de cette ligne expliquerait peut-être bien des anomalies dans le régime des eaux qui baignent ces côtes.

Pour revenir à la ligne d'émersion qui longe la côte des Guyanes je citerai le passage suivant de M. Maury :

« Si nous traçons, dit-il, une ligne de 1 ou 2 degrés de lar-
« geur des caps de la baie de Chesapeake ou de la baie de
« Delaware jusqu'au cap San Roque au Brésil, nous trouvons
« dans cette direction, après avoir traversé le Gulf Stream,
« une région remarquable d'eau froide qui s'étend vers l'é-
« quateur et dont les limites sont plus nettement tranchées à
« certaines époques de l'année qu'à d'autres. Comme un im-
« mense lac, cette région est complétement entourée par une
« eau d'une température plus élevée et ne peut par suite être
« le résultat d'un courant de surface. La seule conjecture que
« suggère l'explication de ce phénomène est qu'il se trouve
« dans cette direction une chaîne de montagnes sous-marines
« contre laquelle viendrait butter dans son trajet vers l'équa-
« teur un courant froid sous-marin dont l'eau serait alors
« amenée à la surface par l'agitation des vagues. Cuba formerait
« le massif dominant de cette chaîne dont les pics les plus
« élevés seraient Fernando de Noronha, Penedo de San Pedro
« et les Bermudes. »

On voit que M. Maury a pour ainsi dire touché du doigt la véritable circulation. Il en a même donné la marche avec exactitude dans les régions voisines de l'équateur, lorsque, restant dans le domaine purement théorique, il transforme par la pensée toute la masse des eaux intertropicales en une vaste masse d'huile que sa légèreté fait monter à la surface et graviter vers les pôles. Mais la croyance d'une salure plus grande dans les eaux profondes que dans les eaux de surface, l'oblige à admettre un peu plus loin que les courants sous-marins se dirigent de l'équateur vers les pôles.

Le courant d'eau froide dont il parle ici se trouve en opposition avec sa théorie, et il est conduit à penser que la présence des hauts-fonds étant insuffisante pour faire monter des eaux froides et *salées*, ce sont alors les vagues qui achèvent de les faire parvenir jusqu'à la surface.

Mes observations sur la côte de Saint-Domingue m'ont indiqué que les eaux qui surgissent des profondeurs dans ces parages sont au contraire légères. Elles ne pesaient que 34 à l'aréomètre marin, tandis que plus au N. elles avaient pesé 35 sur un très-grand espace de l'Océan.

La faible température des eaux dans la direction indiquée par M. Maury et la légèreté que j'ai observée, s'expliquent naturellement par l'émersion de la nappe profonde sur la ligne que j'ai tracée d'après les courants observés le long de ce côté, et il est remarquable que ce tracé, qui n'a pour base que l'inspection des courants de la côte, corresponde si parfaitement à la direction indiquée par M. Maury.

PRÉSENCE DANS L'HÉMISPHÈRE NORD DES EAUX LÉGÈRES ET DES CALMES ÉQUATORIAUX. — La configuration des continents aux environs de l'équateur, en permettant à la nappe profonde venant du S. de pénétrer dans l'hémisphère Nord, maintient dans cet hémisphère la ligne d'émersion équatoriale. C'est sur cette ligne d'émersion, ou plutôt *sur la lisière Nord des eaux légères qui en proviennent*, que se rencontre la zone des calmes équatoriaux.

Je crois que la position de ces calmes est déterminée :

1° Par la configuration des continents qui agit sur la nappe profonde, atmosphérique comme sur la nappe profonde, liquide ;

2° Par la position de la zone des eaux légères dont la présence détermine le mouvement ascensionnel de l'air, d'abord par l'évaporation rapide qui se produit au-dessus d'elles, ce qui rend l'air plus léger, et ensuite par le bourrelet liquide des eaux légères dont la surélévation décide le mouvement ascensionnel des couches inférieures de l'air qui se relèvent à la rencontre de ce bourrelet.

La ligne d'émersion se bifurque aux environs de la Barbade. Je suis porté à croire que la fréquence des violents ouragans qui désolent cette île n'est pas étrangère à cette circonstance.

VIII.

Gulf Stream. — Les deux branches de la ligne d'émersion auxquelles nous arrivons sont les principales sources du Gulf Stream. On a donné plusieurs explications de l'existence de ce grand courant d'eaux chaudes ; M. Maury, après les avoir discutées et repoussées, voit dans le Gulf Stream la conséquence d'une différence de densité entre les eaux de la mer des Antilles, du golfe du Mexique et les eaux de la mer du Nord et de la mer Baltique.

« Parmi les causes encore inconnues, dit-il, qui donnent
« naissance au Gulf Stream, deux au moins sont du domaine
« de notre appréciation : d'une part l'augmentation de salure
« de la mer des Antilles et du golfe du Mexique, de l'autre, au
« contraire, la diminution de salure de la mer du Nord et de
« la mer Baltique : car nous savons que l'eau de cette dernière
« mer est presque douce et ne renferme guère que la moitié
« des sels que contient l'eau de mer ordinaire. Nous avons
« donc à une extrémité une eau dense et à l'autre extrémité
« une eau légère et entre elles l'Océan, de sorte que ces deux
« eaux de pesanteur spécifique différente doivent se mettre de
« niveau et par cette opération concourir, au moins dans une
« certaine mesure, à la production du merveilleux phénomène
« qui nous occupe. Jusqu'où peut aller cette influence ? Nous
« l'ignorons. Est-elle seule à agir ? Nous l'ignorons également,
« de même que nous ignorons pourquoi l'eau des régions

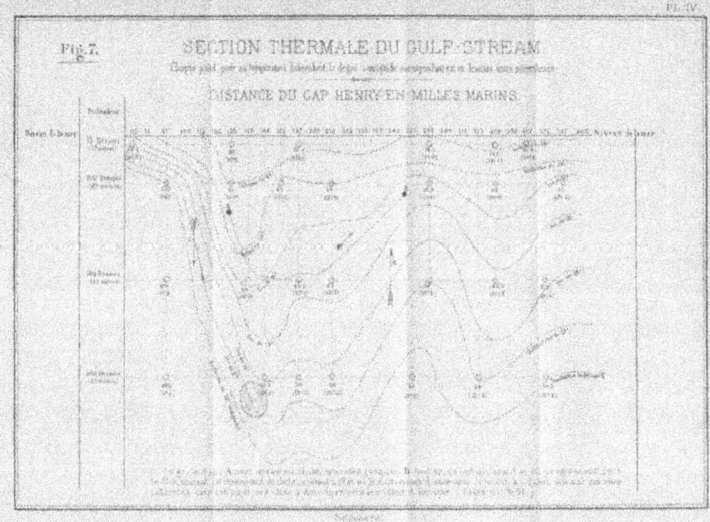

Pl. IV
Fig. 7.
SECTION THERMALE DU GULF-STREAM
DISTANCE DU CAP HENRY EN MILLES MARINS
Niveau de la mer
Niveau de la mer

« alizées vient se réunir dans le réservoir de la mer des An-
« tilles. Mais, en somme, nous savons que ces régions renfer-
« ment une eau de densité supérieure qui doit être entraînée
« dans d'autres parages (la Baltique comprise), pour retrouver
« par le mélange une densité moyenne, et il est certain que
« l'une des fonctions du Gulf Stream dans l'économie océanique
« est précisément d'opérer ce mélange. »

Je crois, en effet, que le courant du Gulf Stream est la conséquence d'une différence de densité; mais si cette densité était
distribuée comme l'indique ce passage, les eaux légères de la
mer du Nord et des hautes latitudes en général, viendraient
recouvrir par un courant de surface les eaux lourdes du golfe
du Mexique, et le Gulf Stream marcherait en sens contraire du
mouvement que nous lui connaissons.

L'erreur de M. Maury provient de ce qu'il préjuge de la
densité soit de la température prise isolément, soit de la salure
prise isolément, tandis que cette densité est la résultante de
ces deux valeurs combinées et qu'elle doit surtout être mesurée
directement. Mes observations indiquent qu'elle est distribuée
en sens inverse et que les eaux sont plus légères dans le golfe
du Mexique que dans les latitudes élevées où se portent les
eaux chaudes de ce golfe.

Je quittai la Vera Cruz le 7 mai 1862; la densité de l'eau
de mer à la surface y était de 34,6. Elle a conservé cette valeur
loin de la côte; un instant elle est montée à 35,6 au milieu du
golfe, mais est descendue à 33,6 devant le Mississipi. Elle a
bientôt repris sa valeur de 34,6 en approchant de Cuba; elle
a conservé cette valeur au N. de Cuba et dans tout le canal de
la Floride, que nous avons traversé dans son milieu. La route
que nous suivions nous menait sur Halifax et nous a laissés
longtemps dans le Gulf Stream. La densité des eaux chaudes
est montée à 35,6 par le travers du cap Hatteras et est restée
à cette valeur pendant quelques jours. Nous sommes sortis
des eaux chaudes par 38° de latitude N. Au milieu des eaux
froides la densité est d'abord restée la même (35,6), mais elle
est descendue à 34,6 par le travers de New York sur le paral
lèle de 40°, et, continuant à décroître à mesure que nous péné-
trions davantage dans les eaux froides, elle n'était plus que

de 33,6 à Halifax. Peu de jours après, revenant à Rochefort, je
rejoignais les eaux chaudes du Gulf Stream par 45° de latitude
et 45° de longitude. C'était le 21 juin. Sur ce parallèle la densité s'est trouvée de 37. Depuis Halifax jusqu'à ces eaux
chaudes, la densité des eaux froides avait progressivement augmenté et variait entre 36 et 37 sur la rive froide qui borde le Gulf
Stream dans le Nord. La densité de 37 s'est maintenue constante dans un très-long trajet à l'E. fait dans les eaux chaudes
que nous n'avons plus quittées ; elle est enfin montée jusqu'à
37,6 sur les méridiens de 18° et 20° longitude O., sur le parallèle de 48° N.

Ainsi, à partir du fond du golfe du Mexique, j'ai trouvé une
densité montant progressivement en suivant le fil du courant
des eaux chaudes : cette densité, de 34,6 au départ, s'est trouvée
de 37,6 au moment où nous allions pénétrer dans le golfe de
Gascogne. C'est certainement l'écart de la valeur de la densité
aux extrémités de la ligne suivie qui provoque le courant. Il
faut remarquer que le courant sera d'autant plus fort que l'é-
cart sera plus grand et qu'il serait plus rapide à 100 mètres de
profondeur si, à cette profondeur, l'écart de la densité était
plus considérable qu'à la surface. Or, la valeur de la densité
en chaque point de l'Océan est variable suivant la saison ; il est
donc facile de comprendre toutes les variations et toutes les
fluctuations que doit éprouver ce grand courant d'eaux
chaudes.

Sa rive gauche, formée par les eaux froides, est très-tranchée,
le thermomètre l'indique nettement par une brusque variation, et j'ai constamment observé une densité plus grande dans
les eaux chaudes que dans les eaux froides ; dès lors le Gulf
Stream doit présenter une surface concave et non convexe, puisque ses eaux sont plus lourdes que les eaux qui le bordent
au N.

Quant à sa rive droite, elle se perd sans doute au sortir du
canal de Bahama. Le thermomètre ne me l'a jamais indiquée,
et il doit être, en effet, un très-mauvais guide sur cette rive
par-dessus laquelle passe incessamment la couche supérieure
des eaux chaudes qui viennent de l'émersion équatoriale pour
sombrer dans le sein de ce courant qu'elles alimentent sur tout

son parcours. Ces couches chaudes, en sombrant, font, pour ainsi dire, une nappe de cascade tombant au sein des eaux et donnent au Gulf Stream sa profondeur et accélèrent sa vitesse vers l'Est. Ainsi, tandis que les fleuves ordinaires s'alimentent par des confluents, celui-ci s'alimente sur tout son parcours par les nappes chaudes et salées de la surface qui, partant de l'émersion équatoriale, franchissent sa rive droite et perpétuent son mouvement à travers les 3,000 milles qu'il parcourt sans presque ralentir sa marche.

La figure 7 (pl. IV), qui représente une section thermale du Gulf Stream, donne l'image de cette nappe tombant en cascade suivant la flèche C au contact des eaux froides qui sont à gauche, et cette chute occasionne la concavité des isothermes de ce côté de la figure. Les données qui m'ont servi à tracer les isothermes de 24°, 20°, 18°, 16°, 14°, 12°, 10°, sont relevées sur le tableau A (pl. III) donné par M. Maury et inscrites dans le tableau D qui m'a servi à construire la figure 7.

La figure A (pl. III) ne peut en aucune façon être considérée comme une section thermale, puisque les points d'égale profondeur n'y sont pas sur une droite horizontale parallèle à la surface. C'est donc par erreur que ce tableau est donné comme étant une section thermale; il n'est que la représentation graphique des observations thermométriques faites par la commission américaine chargée de l'hydrographie de la côte des États-Unis.

La figure 7 montre qu'une ligne horizontale, soit dans les profondeurs, soit à la surface et menée perpendiculairement au fil du courant, traverse des zones alternativement froides et chaudes. Ces zones sont juxtaposées plus ou moins obliquement à la verticale; mais en suivant une ligne verticale en un point quelconque, la température va toujours en diminuant à mesure que la profondeur augmente.

Si le Gulf Stream était un simple fleuve, ses isothermes transversales seraient des lignes droites à très-peu près parallèles à la surface, tandis qu'une nappe d'eau chaude qui sombre par son bord à la rencontre des eaux froides qui l'arrêtent et augmentent sa densité doit nécessairement occasionner dans les isothermes les ondulations que présente la figure 7, et on peut dire que la forme de ces isothermes est la preuve écrite de la manière dont se forme et s'alimente ce grand courant d'eaux chaudes. On voit à droite de la figure les couches parallèles à la surface venant de la zone équatoriale sombrer progressivement et de plus en plus à mesure qu'elles s'approchent davantage de la rive froide de gauche qui, en abaissant leur température, augmente leur densité et détermine leur chute.

Je dois pourtant mettre en garde contre une tendance naturelle qui porte à voir dans les lignes isothermes le tracé de la route suivie par les molécules liquides en mouvement. Cette route est très-souvent oblique et parfois perpendiculaire à ces isothermes. Ainsi à droite de la figure 7 les isothermes sont à peu près parallèles à la marche des couches horizontales qui viennent de droite; mais sur la gauche de la figure les molécules liquides suivent dans leur chute une route perpendiculaire à ces isothermes.

Si, au lieu de prendre une section thermale perpendiculaire au courant, on prenait une section thermale longitudinalement à ce courant et passant par son axe, on aurait des isothermes qui, des profondeurs du canal de Bahama, monteraient progressivement jusqu'à la surface à mesure qu'on s'élèverait en latitude; mais la marche de ces isothermes n'indique nullement que les eaux chaudes des profondeurs du canal de Bahama se sont progressivement élevées des profondeurs vers la surface et que le Gulf Stream gravit une pente comme l'indiquent quelques auteurs. Cette marche des isothermes longitudinales indique simplement un refroidissement progressif de toute la masse des eaux chaudes à mesure qu'elles s'avancent dans des latitudes plus froides. Cependant il est possible et même probable que les eaux chaudes et profondes situées au centre même du courant perdent moins rapidement leur chaleur que les eaux de surface et que les eaux environnantes qui les protègent par leur mauvaise conductibilité; dès lors les eaux de ce centre prendront un mouvement ascendant dans le sens de la flèche *a*, et c'est peut être à cette ascension qu'est due la convexité des isothermes aux environs de cette flèche. Mais le mouvement ascendant jette les eaux ascendantes vers l'O., c'est-à-dire vers la rive froide qui les fait sombrer, et leur chute, en les jetant dans l'E., les ramène au centre du courant où leur ascension recommence. C'est ainsi que les eaux chaudes qui parviennent sur nos côtes d'Europe peuvent avoir été tour à tour dans les profondeurs et à la surface de l'Océan au sein duquel elles ont tracé une spire plus ou moins allongée suivant les circonstances qui ont occasionné leur refroidissement dans le long trajet qu'elles ont parcouru.

IX.

Croisement des deux nappes de surface, émersion polaire. — Arrivés sur les bords du Gulf Stream nous sommes parvenus au point de croisement des deux nappes de surface venant l'une de l'équateur, l'autre du pôle, tombant toutes deux dans les profondeurs où la densité les appelle et où elles continuent leur marche en sens inverse, celle venant du pôle allant toujours vers l'équateur et celle venant de l'équateur allant toujours vers le pôle.

Ce croisement peut se concevoir par une concentration ou un refroidissement subit éprouvé en certains points par la nappe de surface venant du pôle et traversant par grandes trouées la nappe chaude et salée qui se trouve en dessous; mais on peut concevoir qu'il existe sur la rive septentrionale du Gulf Stream un croisement permanent et régulier, particulièrement aux environs de Terre-Neuve.

Entre le Gulf Stream et l'émersion équatoriale les eaux chaudes et salées sont simplement à la surface; leur chute en cascade pour former le Gulf-Stream fait que leur épaisseur augmente en cet endroit, et le sillon de ce fleuve commence à se dessiner. Le mouvement de chute ou de cascade doit se faire sentir, surtout à partir des environs du cap Hatteras, où la tendance à l'E. se prononce nettement. Les eaux sombrent de plus en plus à mesure qu'elles s'avancent dans le sillon du fleuve; mais à mesure qu'elles descendent en s'éloignant dans l'E. les eaux de surface franchissent incessamment la rive droite et remplissent le sillon qui va s'élargissant de plus en plus, tant en largeur qu'en profondeur.

La nappe supérieure des eaux salées se trouve donc relevée vers l'O. et ne plonge qu'en s'éloignant des côtes d'Amérique. Elle laisse ainsi du côté de ce continent un vaste espace entre elle et le fond de la mer. C'est dans cet espace que se précipite la nappe de surface douce et froide venant du pôle pour se rendre à l'équateur.

Les deux nappes se croisent ainsi en écharpe comme les deux coins d'un gigantesque châle sur le sein de la terre. C'est sur la ligne de ce croisement en écharpe que s'arrêtent forcément les grandes glaces qui descendent du pôle au milieu de la nappe froide et douce qui en vient incessamment. Arrivées sur le point de croisement leur pied est arrêté par la nappe chaude et salée qui remonte au contraire vers le pôle par les profondeurs. Les bancs de Terre-Neuve et les bancs environnants occupent des points spéciaux sur cette ligne de croisement qui, comme la ligne d'émersion, a son mouvement annuel du N. au S. et peut-être une oscillation séculaire qui expliquerait les changements climatériques de certaines régions.

Le thermomètre révèle la présence des eaux chaudes et salées dans les profondeurs des mers polaires; les observations de Scoresby et de Ross font voir que la température y est à peu près constante jusqu'à 100 mètres de profondeur et qu'elle augmente ensuite à mesure qu'on plonge plus profondément. Au contact du pied des glaces polaires les eaux profondes perdent tout à la fois chaleur et salure, de telle sorte que les sels abandonnés à la surface des mers tropicales par l'évaporation rejoignent aux pôles sous forme de glace l'eau douce qui les avait abandonnés sous forme de vapeur. Le courant de surface qu'on a toujours observé descendant du pôle vers les latitudes élevées, indique la légèreté des eaux de surface polaire. L'émersion des eaux profondes se produit dans ces régions sous l'action de la douceur des eaux que fournit la fonte du pied des glaces, et la déconcentration des eaux profondes, en les rendant légères, les fait émerger. Cette légèreté doit

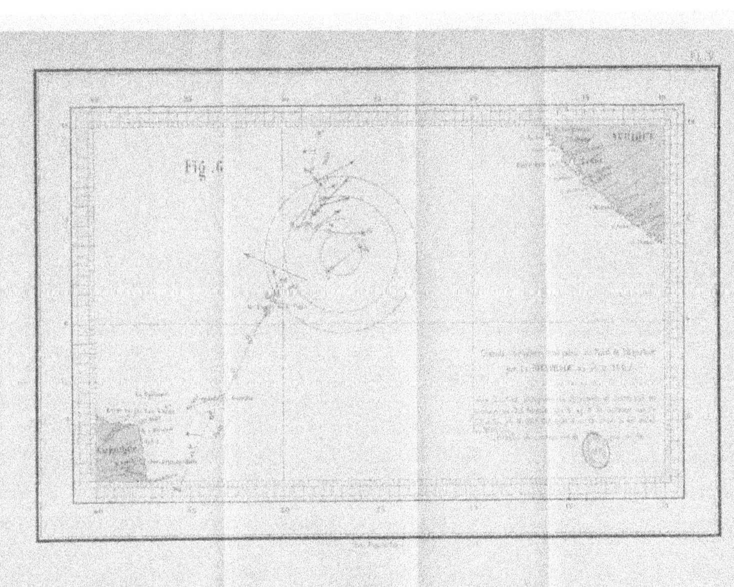

Fig. 6

produire encore ici une surélévation des eaux, et leur surface doit être un dôme terminant vers les deux pôles le globe de la terre.

L'axe de ce dôme coïncide-t-il avec le pôle, et, dans le cas contraire, quelle est l'influence de cette excentricité? Une des conséquences de cette excentricité qui paraît probable ne serait-elle pas la cause de la position spéciale du pôle magnétique?

Forme d'un méridien tracé à la surface des eaux. — Quoi qu'il en soit, puisque les eaux polaires descendent constamment vers les latitudes élevées par un chemin de surface, c'est qu'elles sont plus légères que dans ces latitudes élevées, et on peut se faire une idée de la forme d'un méridien qui passerait constamment à la surface des eaux. Ce méridien est une ligne ondulée présentant une surélévation vers l'équateur, un affaissement dans les latitudes élevées et une surélévation nouvelle vers chacun des pôles. On voit que la surface de l'Océan offre ses vallons et ses coteaux; mais ces ondulations se présentant sur de vastes espaces, se perdent pour ainsi dire dans l'immensité de l'étendue.

X.

Courant circulaire équatorial. — Les courants que j'ai éprouvés en pénétrant, le 8 juin de l'année dernière, dans la zone des eaux légères équatoriales, concordent avec la théorie de l'émersion équatoriale, et leur connaissance est d'un intérêt sérieux pour les bâtiments qui, partant d'Europe, vont traverser l'équateur dans ces parages.

La figure 6 (pl. V) indique la force et la direction des courants que j'y ai rencontrés. C'est au point A que j'ai pénétré dans les eaux légères et au point B que j'en suis sorti. Au point C j'ai traversé un grand remous de courant ou ligne d'écume au milieu de laquelle se trouvaient arrêtées un très-grand nombre de physales; sa direction était S. E. et N. O.

Les courants éprouvés ont été, d'après le tableau général que je donne des observations faites pendant la campagne :

Du 8 au 9 juin 1867. — de 32 milles au N. 60° E.
     9   10   9 —   N. 62° E.
    10   11   26 —   N. 72° E.
    11   12   49 —   N. 39° E.
    12   13   40 —   N. 25° E.
    13   14   28 —   N. 53° E.
    14   15   16 —   Est.
    15   16   11 —   S. 30° E.
    16   17   14 —   S. 55° O.
    17   18   59 —   N. 69° O.
    18   19   19 —   N. 12° O.

Les flèches indiquent que du 8 au 19 j'ai été entraîné par un courant circulaire dont le centre de giration se trouve vers le parallèle de 4° N., situé à peu près au milieu des eaux légères.

J'ai su depuis par le journal du brick *Confiança*, de la marine portugaise, que ce bâtiment, dans le même mois de l'année 1864, s'était trouvé entraîné dans les mêmes parages par un courant circulaire identique, et la densité de l'eau de surface qu'il observait avec soin, après avoir sensiblement diminué pendant qu'il était entraîné par le courant circulaire, est revenue à sa valeur normale après qu'il en a été sorti.

Considérations pratiques pour couper l'équateur en allant dans l'hémisphère Sud. — Ce n'est donc pas un fait isolé que la rencontre au mois de juin de ce courant circulaire dans ces parages, et les contrariétés que l'on y rencontre pour passer dans l'hémisphère Sud obligent de profiter de toutes les circonstances pour abréger la traversée. Les calmes s'y rencontrent alors entre les parallèles de 8° et 7° pour finir entre les parallèles de 6° et 5° N. Je pense que les calmes une fois traversés, si, comme cela est fréquent, le vent se lève au S. ou au S. S. E. du monde et qu'on éprouve un fort courant portant à l'E. ou au N. E., au

CARTE DES COURANTS GÉNÉRAUX DANS L'OCÉAN ATLANTIQUE

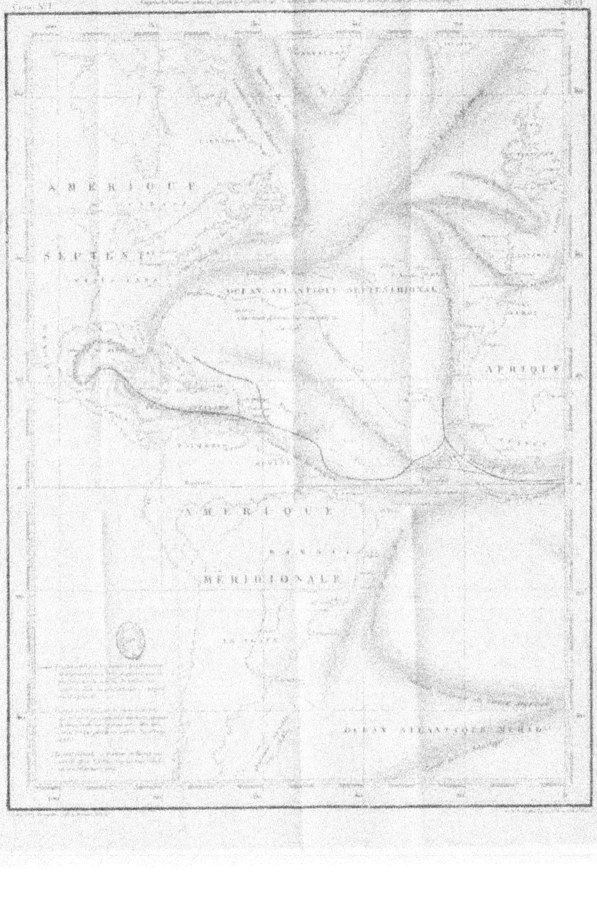

AMÉRIQUE SEPTENTRIONALE

AMÉRIQUE MÉRIDIONALE

AFRIQUE

OCÉAN ATLANTIQUE SEPTENTRIONAL

OCÉAN ATLANTIQUE MÉRIDIONAL

lieu de chercher à le refouler en courant au S. O. ou à l'O. S. O., il vaut mieux prendre de suite la bordée de l'E. qui portera dans le courant favorable et permettra, 24 heures ou 48 heures après, de reprendre avec grand avantage la bordée du S. O. qui fera franchir l'équateur en bonne position pour doubler le cap Saint-Roch.

Courant équatorial et son contre-courant qu'on ne doit rencontrer que sur sa lisière Nord. — L'émersion équatoriale des eaux légères donne l'explication du mouvement circulaire qu'elles prennent.

L'onde qui se déverse au N. se trouve retardée dans sa marche vers le pôle par les eaux lourdes qui sont sur ses bords. Ce retard précipite leur tendance à droite et fait souvent naître le grand courant portant à l'E. connu sous le nom de contre-courant équatorial. L'onde qui se déverse au S. se trouve aussi dans l'hémisphère Nord ; elle tend donc aussi à droite, c'est-à-dire vers l'O., et cette tendance à l'O. s'ajoute ici à l'effet vertical de l'émersion qui porte dans le même sens. Ces deux tendances s'ajoutent ainsi sur la lisière Sud des eaux légères et se retranchent l'une de l'autre sur leur lisière Nord ; aussi le courant Est de cette dernière lisière est toujours moins fort que le courant Ouest de la lisière Sud.

Le mouvement circulaire des eaux s'explique par la marche en sens contraire de ces deux courants juxtaposés ; mais je crois qu'en ce point de l'Océan le mouvement giratoire est souvent accéléré par l'arrivée du courant sous-marin qui s'échappe des profondeurs de la pointe d'Ollinda et qui vient émerger en ce point où les eaux semblent plus particulièrement animées d'un mouvement circulaire.

XI.

Méditerranée. — Les observations que j'ai faites dans la Méditerranée et dans l'Océan m'ont permis de dresser le tableau comparatif B, qui donne la densité, la température et la salure de ces deux mers aux environs du détroit de Gibraltar pour les différentes époques auxquelles j'ai observé ces valeurs.

Quoique ces observations soient peu nombreuses, on peut cependant déjà en tirer quelques conséquences sur le régime de la densité de la température et de la salure dans ces deux mers aux approches du détroit.

TEMPÉRATURE. — En hiver la température augmente rapidement à mesure qu'on sort de la Méditerranée pour entrer dans l'Océan. En été, au contraire, la Méditerranée est plus chaude que l'Océan, mais de 1° ou 2° seulement, tandis qu'en hiver elle est plus froide de 6 à 7 degrés.

DENSITÉ. — La densité paraît à peu près en toute saison plus forte dans la Méditerranée que dans l'Océan. Cependant les colonnes 2 et 5 font voir que cet excès de densité est parfois très-faible, et même la colonne 2 indique qu'au mois de mai il arrive que la densité en dedans du détroit entre le cap de Gate et Gibraltar est quelquefois un peu plus faible qu'à 50 milles au large dans l'Océan.

SALURE. — La salure semble aussi plus forte dans la Méditerranée que dans l'Océan; mais cet excès de salure n'est pas constant, il paraît plus prononcé en été qu'en hiver. Aux approches du détroit il arrive souvent que la salure est la même dans les deux mers : la colonne 3 semblerait même indiquer au mois de novembre un léger excès de salure du côté de l'Océan.

Pour avoir une idée du courant sous-marin qui doit se produire parfois dans le détroit, il faut examiner la valeur de la densité à l'E. et à l'O. de ce détroit, c'est-à-dire entre le cap de Gate et Gibraltar et à 50 milles au large du cap Spartel. Ce sont les valeurs que j'ai soulignées dans le tableau B.

Les colonnes 1 et 4 indiquent une densité plus forte du côté de la Méditerranée, les colonnes 2, 3, 5 indiquent une densité à peu près égale; il est même à remarquer que la colonne 2 semblerait indiquer une densité plus forte du côté de l'Océan.

Ces observations sur la densité conduisent à penser que le courant sous-marin allant de la Méditerranée dans l'Océan est loin d'être constant; la colonne 2 indiquerait même qu'il

se dirige parfois en sens inverse. Cependant le sens général
de son mouvement, lorsqu'il existe, doit le conduire de la Méditerranée dans l'Océan, et sa fréquence paraît devoir être plus
grande en été qu'en hiver.

Quant à la question des sels que le courant de surface du
détroit amène constamment de l'Océan dans la Méditerranée,
je ferai remarquer qu'il n'est pas nécessaire que, par un courant sous-marin, il s'effectue une extraction permanente, pour
que la salure de cette mer intérieure reste constante.

On sait que dans une chaudière à vapeur les extractions périodiques et intermittentes sont plus efficaces que les extractions continues pour empêcher la salure de l'eau soumise à la
vaporisation de dépasser le point voulu. Dans la Méditerranée ce sont très-probablement aussi des extractions périodiques et intermittentes qui maintiennent sa salure moyenne
annuelle à un degré très-faible. Les courants de marée qui se
font vivement sentir dans le détroit donnent lieu à une extraction périodique et journalière. Si, comme c'est très-probable, le courant permanent qui entre au milieu du détroit est
un simple courant de surface de faible épaisseur, il suffit d'admettre que toute la masse des eaux profondes subit dans le
détroit l'attraction lunaire et se précipite tantôt dans l'E.,
tantôt dans l'O. du seuil relevé qui sépare les eaux des
deux mers, pour avoir l'explication de la salure permanente
de la mer intérieure, car la masse d'eau que le flot porte dans
l'Océan y reste et le jusant ne ramène dans la Méditerranée
que les eaux de surface probablement moins salées que celles
qui en sont sorties.

La pression barométrique vient aussi, par ses variations, occasionner des extractions intermittentes de grande énergie. Si
le baromètre est bas sur la Méditerranée et haut sur l'Océan,
c'est une masse d'eau relativement douce qui pénètre par toute
la profondeur du détroit dans la Méditerranée. Le baromètre
devenant ensuite haut sur la Méditerranée et bas sur l'Océan
c'est une masse d'eau salée qui sort de cette mer, et si, comme
cela arrive fréquemment, le baromètre a oscillé de 2 centimètres, c'est une couche de 26 centimètres d'eau salée qui, de
toute la surface méditerranéenne, aura été obligée de fuir dans

l'Océan. Ce mouvement des eaux dû au baromètre est facilité encore par le vent qui souffle de l'E. lorsque le baromètre est haut sur la Méditerranée et qui souffle de l'O. lorsque le baromètre y est bas.

C'est ainsi que, sous l'effet d'extractions périodiques et intermittentes, la salure de cette mer intérieure ne peut varier que dans de très-faibles limites, très-voisines de la salure normale de l'Océan. Les trois bassins successifs qui composent cette mer, sans compter le grand bassin de la mer Noire, doivent offrir des diversités et des particularités de densité et de salure qu'il serait d'un grand intérêt de connaître. Je n'ai malheureusement aucune donnée sur les deux bassins orientaux, et il faut attendre, sans rien préjuger, que des observations directes soient venues jeter quelque lumière sur le régime des eaux à l'intérieur de cette mer. Je serais heureux si ce mémoire pouvait attirer plus particulièrement l'attention des marins sur la température et la densité des eaux qu'ils traversent chaque jour, car par l'ensemble des observations qui peuvent être recueillies en peu de temps, on pourrait espérer qu'un avenir prochain nous révélerait la loi si incertaine encore qui préside au mouvement des eaux tant à la surface que dans les profondeurs de la mer. Non-seulement la connaissance de cette loi serait utile à la navigation, mais encore, comme l'influence du mouvement des eaux chaudes à la surface des mers sur les mouvements de l'atmosphère est un fait certain, la science météorologique aurait fait un grand pas vers le but si utile et si désiré de la prédiction du temps.

Le 12 août 1868.

Benjamin SAVY, *lieutenant de vaisseau.*

TRAVERSÉES.

TABLEAUX.

Traversée du Bucéphale [...]

PARAGES.	DATES.	LATITUDE	LONGITUDE.	COURANTS.		BAROMÈTRE.
				FORCE.	DIRECTION.	
				milles.		
Toulon.	27 avril.	»	»	»	»	755,8
	28	42° 18' N.	2° 54' E.	3	N. 58 E.	754,8
	29	41 18	1 45	6	S. 41 O.	761,8
	30	40 54	1 08	12	S. 0 E.	761,9
	1er mai.	39 59	0 15 E.	15	N. 50 O.	767,5
	2	39 29	1 11	40	N. 50 O.	764,5
	3	38 36	1 36	10	N. 45 O.	763,»
	4	38 28	1 45	5	S. 66 E.	762,4
	5	38 02	2 18	6	N. 80 O.	762,»
	6	36 48	4 07	9	S. 85 O.	759,4
	7	36 24	6 52	15 2	N. 42 E.	761,»
	8	36 12	7 08	6	S. 2 O.	764,8
	9	36 15	7 27 O.	6	S. 24 E.	761,2
Gibraltar.	10	»	»	»	»	756,5
	11	au mouillage.	au mouillage.	»	»	758,»
	12	id.	id.	»	»	758,5
	13	id.	id.	»	»	755,»
	14	id.	id.	»	»	759,»
	15	id.	id.	»	»	761,4
	16	id.	id.	»	»	762,9
	17	35 56	8 19	»	»	761,4
	18	35 40	9 08	8	Est.	762,0
	19	35 31	9 59	7	N. 59 O.	765,8
	20	34 57	12 04	6	S.	765,5
	21	32 30	14 16	5	N. 67 O.	764,»
	22	30 20	16 56	2	N. 45 O.	763,5
Palmas.	23	28 16	17 54	4	N.	765,6
	24	»	»	»	»	764,7
	25	27 09	18 02	»	»	765,5
	26	26 35	18 38	5	N.	765,5
	27	25 45	20 03	12	S. 57 E.	765,»
	28	24 39	21 41	6	E.	262,5
	29	23 38	25 31	7	S. 65 E.	765,8
	30	22 06	23 06	5	N. 87 O.	764,8
	51	20 28	26 44	8	N.	765,»
	1er juin.	18 07	27 45	4	S. 40 O.	762,»
	2	15 52	27 56	20	N. 81 O.	764,6
	3	15 41	27 45	8	S.	764,4
	4	12 44 N.	27 54	4	N.	761,»

de Toulon à Montevideo, 1867 *(suite)*.

EAU.			TEMPÉRATURE de l'air.	VENTS.		HUMIDITÉ.	VARIATION.
DENSITÉ.	SALURE.	TEMPÉRATURE.		DIRECTION.	FORCE.		
35.»	34.6	26°0	25.0	N.N.E.	2	94.»	17° N.O.
35.»	34.8	26.6	24.7	N.N.E.	5	98.»	17 »
35.»	34.9	26.0	25.6	E.	5	96.»	17 »
35.»	34.8	26.5	24.5	S.	2	94.»	17 »
35.»	34.6	26 »	»	»	»	».»	»
32.»	32.»	27 »	»	»	»	».»	»
32.»	32.7	27 »	25.9	N. E.	1	91.»	17 »
35.5	35.2	26.3	26.1	E.N.E.	5	98.»	18 20
35.»	35 »	27 »	»	»	»	».»	»
35.»	35 »	27 »	25.4	E.	4	95.»	17 »
35.»	35 »	27 »	»	»	»	».»	»
35.»	35 »	27 »	»	»	»	».»	»
35.»	35.2	27.4	27.8	E.	4	95.»	18 30
35.»	35 »	27.1	25.5	S.S.E.	4	95.»	18 »
35.»	32.2	24.9	26.3	S.S.E.	4	92.»	17 »
35.»	32.0	25.9	25.9	S.	4	98.»	17 »
35.»	32.4	26 »	25.7	S. S. E.	4	89.»	17 »
35.»	32.6	23.9	25.3	S. E.	4	91.»	17 »
35.»	32.3	25.7	24.8	S. E.	4	95.»	17 »
35.»	32.4	25.5	»	»	»	».»	»
35.»	34.3	25.6	»	»	»	».»	»
»	»	»	24.7	S. E.	5	95.»	15 »
35.»	34.5	25.8	25.1	S.S.E.	5	94.»	15 »
35.»	34.3	25.7	24.9	S. E.	4	95.»	15 »
35.»	34.5	25.8	24.9	E.S.E.	4	94.»	17 »
35.»	34.0	26 »	24.9	E.S.E.	3	96.»	17 »
35.»	34.6	26 »	25.3	E.S.E.	5	96.»	15 »
35.»	34.8	26.1	26 »	E.S.E.	5	95.»	15 »
35.»	34.8	26.5	25.9	E.S.E.	8	96.»	15 16
35.»	34.9	20.7	26.2	S. E.	3	98.»	11 16
35.»	34.3	25.6	25.7	S. E.	5	90.»	»
36.»	35.4	25.4	25.2	S.S.E.	4	89.»	10 47
36.»	35.5	25.6	25.4	E.S.E.	8	94.»	10 »
36.»	35.4	25.3	24.6	E.S.E.	4	95.»	11 »
36.»	35.3	25.8	25.9	E.S.E.	4	91.»	10 »
36.»	35.1	24.5	24.3	S. E.	3	97.»	9 »
36.»	34.9	24 »	21.7	S.S.E.	3	85.»	9 »
36.»	34.9	24.2	23.7	S. E.	3	97.»	9 »
36.»	34.7	25.5	22.6	E.	2	88.»	8 »
34.»	34.5	22.8	19.3	S..O.	6	91.»	8 »

PARAGES.	DATES.	LATITUDE.	LONGITUDE.	COURANTS.		BAROMÈTRE.
				FORCE.	DIRECTION.	
				milles.		
Côte du	8 juillet.	24°27' S.	39°26'O	»	»	770,4
Brésil et de	9	26 41	41 50	21	N. 50 0.	774,4
la Plata.	10	27 56	45 14	11	S. 22 E.	773,4
	11	29 48	45 25	12	N. 17 E.	769,5
	12	30 50	48 16	5	N. 9 E.	760,8
	13	31 34	49 06	9	N. 7 E.	767,1
	14	32 19	50 05	9	E.	765,1
	15	33 19	52 05	21	N. 63 E.	739,8
	16	34 13	54 41	4	S. 10 0.	755,8
	17	34 35	54 53	20	S. 31 0.	758 »
	18	35 30	54 24	11	S. 8 0.	759,4
	19	35 51	55 21	10	S. 28 0.	757,1
	20	35 03	55 46	12	N. 36 E.	760,2
	21	35 20	55 12	26	S. 61 E.	761,3
	22	35 48	54 49	21	S. 65 E.	760,7
	23	36 34	54 01	18	S. 40 E.	765,1
	24	36 04	54 38	13	S. 25 E.	772,5
	25	35 36	55 42	6	N. 45 0.	773,0
	26	35 06	57 50	10	N. 47 E.	765 »
Montevideo.	27	Montevideo.		»	»	757,6
	28	»			»	754,5
	29	»			»	747,8
	30	»			»	755,8
	31	»			»	758,7
	1er août.	»			»	757,6
	2	»			»	756,9
	3	»			»	751,5
	4	»			»	756,9
	5	»			»	755,5
	6	»			»	750,8
	7	»			»	765,4
	8	»			»	754,2
	9	»			»	756,0
	10	»			»	750,5
	11	»			»	753,5
	12	»			»	753,6
	13	»			»	755,8
	14	»			»	756,8
	15	»			»	755,5
	16	»			»	758,7

de Toulon à Montevideo, 1867 (suite).

EAU			TEMPÉRATURE du l'air.	VENTS		HUMIDITÉ.	VARIATION.
DENSITÉ.	SALURE.	TEMPÉRATURE.		DIRECTION.	FORCE.		
56.»	33.9	21.4	17.1	S. E.	6	84.»	8 N.O'
56.»	33.8	21.2	17.»	S. E.	6	75.»	8
56.»	33.5	20.5	18.8	E. N. E.	6	81.»	4
56.»	33.6	20.6	18.6	N. E.	6	93.»	3
56.»	32.6	18.1	18.»	S.	5	92.»	»
56.»	52.5	18.4	16.9	E. S. E.	5	95.»	2 N. E.
56.»	33.2	19.6	18.5	N.	3	95.»	2 »
55.5	31.7	16.9	17.6	N.	6	96.»	6 »
55.»	51.4	17.4	15.4	N. O.	5	91.»	6 »
55.»	29.0	11.5	9.6	S. O.	9	98.»	»
55.»	29.5	12.6	10.6	O. N. O.	6	92.»	7 »
55.»	28.6	10.1	6.0	O.	8	56.»	7 »
55.»	30.1	14.»	6.5	S. S. O.	8	93.»	7 »
55.»	30.2	14.4	6.7	S. O.	8	89.»	9 »
55.»	29.8	13.4	6.2	O. S. O.	10 »	91.»	10 »
55.»	30.5	14.6	7.5	O. S. O.	10 »	80.»	0 »
56.»	30.8	13.4	0.7	S. S. O.	6	78.»	8 »
35.»	28.0	8.7	8.5	Calme.	0	59.»	8 »
50.1	25.5	9.6	10.2	N. E.	5	69.»	»
24.5	18.1	10.7	15.3	O. N. O.	5	67.»	»
20.»	14.5	12.6	18.7	O. N. O.	5	85.»	»
20.»	14.8	13.2	16.7	E. S. E.	6	90.»	»
10.»	10.5	12.4	13.8	S. S. O.	7	91.»	»
10.2	3.5	9.6	8.2	O. N. O.	4	95.»	»
10.»	4.9	13.7	12.1	N. N. O.	4	87.»	»
10.»	4.9	13.6	10.7	S. S. O.	2	89.»	»
10.»	4.8	13.4	10.4	S. S. O.	2	91.»	»
10.»	5.0	17.2	10.1	N. N. O.	3	95.»	»
7.0	2.7	13.7	12.3	N. N. O.	3	77.»	»
8.2	3.4	14.4	12.6	S. S. O.	3	77.»	»
8.2	3.5	14.8	12.5	S.	4	65.»	»
9.»	5.8	11.4	13.»	S. S. O.	4	89.»	»
7.2	2.7	13.2	12.5	S.	5	79.»	»
7.8	3.4	15.5	12.6	N. N. O.	2	73.»	»
8.8	4.4	15.4	12.7	N.	3	76.»	»
7.8	3.7	16.2	13.6	N.	3	84.»	»
7.7	3.5	14.8	14.2	S.	4	81.»	»
7.»	2.6	15.3	14.3	S. S. E.	4	85.»	»
10.2	5.9	15.6	14.5	S. S. E	4	77.»	»
10.8	6.4	15.4	14.3	O. N. O.	4	89.»	»

Traversée du Bucéphale de Montevideo

PARAGES.	DATES.	LATITUDE. Sud.	LONGITUDE.	COURANTS.		BAROMÈTRE.
				DIRECTION.	FORCE.	
					milles.	
	17 août.	Montevideo.		»	»	767.7
Hémisphère	18	34° 38' S.	57°30' O.	»	»	730.3
Sud.	19	33 15'30"	56 35 15	N. 40°E.	8 16	765.8
	20	35 07	56 35	N. 19 O.	9	764.5
	21	35 35	55 07 30	S. 40 O.	4	760.0
	22	36 45	55 27 30	S. 54 O.	20	785.4
	23	36 53	51 22 30	N. 7 E.	8	764.5
	24	36 41	49 13	»	»	770.»
	25	35 05	49 58	N. 25 E.	34	775.7
	26	34 05	45 01	N. 16 E.	8	774.9
	27	32 56	40 13	N.	17	774.2
	28	31 47	37 16	N. 34 E.	6	775.5
	29	30 50	36 39	N. 17 E.	16	775.5
	30	29 31	36 58	N. 22 O.	15	775.8
	31	29 52	35 15	S. 5 O.	3	775.»
	1er sept.	29 11	35 01	S. 37 E.	7	775.6
	2	28 40	34 40	N. 34 E.	11	775.5
	3	28 28	33 57	N. 45 E.	13	772.7
	4	27 57	34 53	N.	8	769.1
	5	27 56	29 06	N. 35 O.	10	769.7
	6	26 55	30 21	O.	4.4	770.7
	7	26 54	30 08	N. 68 O.	7	770.7
	8	25 58	30 14	N. 59 O.	6	770.5
	9	25 01	31 45	N. 81 O.	13	770.3
	10	23 44	32 24	S. 59 O.	4	769.7
	11	21 58	32 20	N. 77 O.	11	768.9
	12	20 02	32 55	N. 41 O.	13	767.7
	13	18 28	35 14	S. 67 O.	13	765.8
	14	17 24	33 16	S. 68 O.	8	764.6
	15	16 »	35 08	S. 81 O.	6	764.6
	16	14 22	35 06	S. 12 O.	9	760.»
	17	12 45	34 10	S. 47 O.	10	761.7
	18	11 23	35 18	S. 6 O.	8	762.9
	19	9 40	32 40	N. 50 O.	11	762.8
	20	7 21	31 47	N. 80 E.	13	763.8
	21	5 02	31 02	N. 81 O.	19	763.6
	22	2 40	30 20	N. 66 O.	20	763.9
Équateur.	23	0 23 S.	29 45	N. 36 O.	22	761.7

À Toulon, 1867.

EAU			TEMPÉRATURE de l'air.	VENTS		HUMIDITÉ.	VARIATION.
DENSITÉ.	SALURE.	TEMPÉRATURE.		DIRECTION.	FORCE.		
14.8	8.7	10.9	9.2	O. S. O.	5	80.2	»
18.5	12.9	12.3	12.»	E. S. E.	3	79.8	»
30.»	24.9	13.6	20.5	O. S. O.	3	84.5	8° N. E.
30.»	25.»	13.8	13.9	N. E.	2	85.1	id.
34.3	29.4	15.4	15.4	N. E.	3	91.2	id.
34.5	30.5	16.4	15.8	N. N. E.	4	91.»	7 »
35.7	31.7	16.4	15.9	N. N. E.	6	95.»	8 »
35.»	31.4	16.8	14.9	S. O.	6	94.3	7 »
35.»	30.»	15.9	15.5	S. S. O.	6	87.6	9 »
35.»	30.9	16.2	16.4	S. O.	6	84.5	id.
35.»	30.8	13.4	15.5	S. S. O.	7	84.8	2° N. O.
35.»	30.»	15.9	14.6	S. S. E.	5	98.4	6.»
35.5	30.5	14.5	15.3	E.	4	80.3	7° N. O.
35.»	31.»	16.4	15.8	E. N. E.	2	82.3	8 »
35.»	30.8	15.9	15.8	N.	5	92.»	10 »
35.»	30.9	16.2	17.1	S. S. O.	7	87.»	id.
35.»	31.7	16.2	18.9	N. N. E.	5	92.»	id.
35.»	32.2	19.8	18.2	N. N. O.	3	81.»	13 »
35.»	32.6	20.8	20.2	N. O.	1	87.»	14 »
35.»	32.6	20.7	21.0	N.	2	84.»	id.
35.»	19.1	19.5	21.3	N.	2	86.»	id.
35.»	32.5	20.5	20.5	N.	2	84.»	id.
35.»	32.4	19.3	18.5	N.	4	89.»	id.
35.»	32.4	19.2	20.5	N. E.	4	95.»	id.
35.9	31.9	18.9	20.5	E.	4	91.»	id.
35.»	32.2	19.6	22.2	E.	5	84.»	15 »
35.»	32.2	19.7	20.3	N. E.	5	90.»	14 »
35.5	32.7	19.5	20.7	E. N. E.	5	91.»	14 »
35.»	32.1	19.5	21.6	E. N. E.	3	85.»	15 »
35.»	32.9	21.6	25.1	E.	5	83.»	id.
35.»	33.8	25.9	25.6	E.	5	88.»	id.
35.»	33.9	24.2	24.»	E. N. E.	5	89.»	id.
35.»	34.»	24.4	24.7	E.	5	86.»	id
35.»	34.3	25.4	24.5	E. S. E.	5	80.»	14 »
35.»	34.»	24.5	23.2	E. S. E.	5	87.»	15 »
35.»	34.»	24.5	25.9	E. S. E.	5	95.»	id.
35.»	34.3	25.1	25.7	E. S. E.	5	95.»	id.
35.»	34.2	24.4	25.4	E. S. E.	5	84.1	16 »

Traversée du Bucéphale de Montevideo

DATES.	LATITUDE.	LONGITUDE.	COURANTS.		BAROMÈTRE.	DENSITÉ.
			FORCE.	DIRECTION.		
			milles.			
	9h m. 1° 50′ N.	29°05′	»	»	»	33.»
24 septembre.	mid. 1 58	28 50	14 m.	S. 50 O.	762.6	33.3
	8 h s. 2 26	28 50	»	»	»	32.»
25	4 08	27 31	8	N. 51 O.	757.8	30.1
26	6 49	26 50	6	O.	759.8	30.»
27	8 »	26 21	11	N. 57 O.	759.9	30.»
28	8 51	25 20	26	S. 47 E.	760.7	30.5
29	9 55	27 25	8	O.	766.5	31.5
30	11 50	28 16	10	N. 60 E.	759.5	31.9
1er octobre	13 20	29 20	12	S. 75 O.	760.»	32.2
2	14 58	28 51	5	O.	762.»	32.7
3	15 50	29 18	14	S. 49 O.	761.5	33.5
4	17 01	29 58	11	S. 54 O.	762.»	33.4
5	18 51	31 06	9	S. 26 O.	764.5	33.8
6	21 08	31 18	6	S. 60 O.	762.8	34.2
7	25 14	31 11	11	S. 77 O.	764.6	34.8
8	25 08	31 49	15	S. 66 O.	763.3	34.8
9	26 25	32 18	4	S. 25 E.	763.2	34.8
10	27 45	32 46	5	S. 11 O.	763.2	34.7
11	29 16	34 06	14	S. 75 O.	766.2	35.»
12	30 50	35 10	8	S. 51 E.	763.5	34.9
13	31 33	35 27	9	O.	8..1	34.7
14	32 14	34 50	9	S. 18 E.	762.8	34.5
15	33 03	35 04	8	S. 67 O.	766.4	34.5
16	33 37	34 21	28	O.	765.6	34.5
17	33 57	29 41	14	S. 84 O.	769.5	34.5
18	34 09	28 56	8	S. 47 O.	770.5	34.7
19	35 08	28 52	10	N. 52 E.	769.9	34.5
20	36 30	28 24	»	»	768.6	34.5
21	36 50	27 30	15	N. 51 O.	765.9	34.8
22	36 40	24 55	10	N. 66 O.	765.4	34.8
23	36 18	22 57	1	N.	769.5	35.5
24	35 50	20 24	5	N. 65 O.	769.4	35.1
25	35 15	18 45	2	N. 21 E.	764.8	35.»
26	35 26	17 45	6	S. 6 O.	760.9	35.»
27	33 42	15 48	10	S. 63 O.	765.5	35.»
28	35 24	13 45	5	S. 57 O.	766.1	35.2
29	33 » N.	12 10 O.	4	S.	764.»	35

à Toulon, 1867 *(suite)*.

EAUX		TEMPÉRATURE de l'air.	VENTS		HUMIDITÉ.	ÉVAPORATION EN MILLIMÈTRES	VARIATION.
SALURE.	TEMPÉRATURE.		DIRECTION.	FORCE.		millimètres.	
54.2	25.»	»	»	»	»		»
52.9	25.5	29.3	E. S. E.	5	95.»		17°N.O.
51.6	26.»	»	»	»	»		id.
59.9	26.5	27.4	E. S. E.	5	89.»		18 »
50.»	26.9	26.8	S. E	4	95.»		id.
50.»	27.»	26.7	O.	5	94.»		id.
50.7	27.6	27.5	N. N. E.	4	91.4		id.
51.5	27.»	27.»	N. N. E.	4	80.»	20 m.	id.
51.9	27.»	27.»	N. N. E	4	95.»	5	16 »
52.»	26.5	25.9	N. E.	4	91.»	»	18 »
52.5	26.5	26.7	Sud.	2	95.»	7	16 »
53.»	26.2	25.9	N. E.	5	86.»	19.5	id.
52.8	25.5	23.2	N. E.	5	91.»	12	15° 48'
53.1	25.4	25.»	N. E.	5	89.4	14.5	15° 52'
53.5	25.2	24.8	E. N. E.	5	91.»	17.5	15 »
53.9	24.6	24.7	Est	5	86.»	10	15 »
53.8	24.4	22.5	E.	4	87.»	15.5	20 »
54.»	24.0	24.2	S. S. E.	5	79.5	11.5	21 »
55.6	25.1	24.5	E. N. E.	5	78.5	50.5	22 »
55.0	24.4	24.4	N. E.	5	78.1	13	id.
55.8	24.»	25.8	N. E.	5	79.»	13.8	id.
53.7	23.9	23.6	N. N. O.	4	86.»	11.5	id.
55.5	23.8	22.5	N. E.	4	89.6	15	25 »
53.2	23.7	25.2	S. S. E.	5	79.»	12.5	id.
55.2	23.7	23.5	S. O.	6	75.6	13	id.
56.6	22.5	21.0	S. S. O	5	91.»	5.5	id.
55.»	22.6	22.5	N. E.	5	91.»	2	24 »
55.4	22.»	21.7	E.	4	79.5	7	id.
52.5	21.1	20.3	Sud.	3	85.5	7.5	25 »
52.5	20.3	20.2	Sud.	5	87.»	12.5	25 »
52.5	20.4	20.6	S. S. O.	5	87.»	9	24 »
52.7	20.5	18.6	N.	7	86.»	12.5	id.
52.4	20.»	18.4	N. N. E.	5	79.»	24	25 »
55.4	20.1	18.2	N. N. E.	5	86.»	14.5	id.
52.1	19.5	18.»	N. O.	5	84.»	9	22 »
52.1	19.5	19.»	E. S. E.	6	80.»	5	id.
52.3	19.5	18.6	N. N. E.	6	80.»	7.5	21 »
52.2	19.5	20.1	N. N. E.	4	90.»	9.5	id.

Traversée du Bucéphale de Montvideo

DATES.	LATITUDE.	LONGITUDE.	COURANTS		BAROMÈTRE.	DENSITÉ.
			FORCE.	DI-RECTION.		
			milles.			
30	38°11′ N.	13°08′ O.	2	N.	763.4	35.4
31	35 16	11 44	4	S.	763.4	34.9
1er nov	35 22	11 40	4	N. 74 E.	764.7	54.6
2	35 12	11 08	6	N. 58 O.	765.x	35.7
3	35 07	9 55	3	N. 50 O.	762.7	35.x
4	35 23	9 51	3	N.	763.4	35.x
5	35 27	9 07	8	N. 38 O.	762.4	35.1
6	35 42	8 39	9	S. 65 E.	760.6	35.7
7	35 34	8 30	»	»	761.6	35.9
8	35 29	8 26	17	S. 52 O.?	760.x	35.7
9	35 36	8 25	»	»	765.8	36.8
10	35 47	8 17	»	»	764.7	35.8
11	Mouillage de Tanger.		»	»	764.1	35.6
12	»		»	»	759.5	35.2
13	»		»	»	759.7	35.x
14	»		»	»	755.4	35.1
15	»		»	»	744.1	35.x
16	»		»	»	765.6	35.9
17	38 42	4 46	12	N.	757.5	39.8
18	38 48	4 41	1.5	O.	761.3	35.7
19	39 59	0 50	8	N. 74 E.	765.4	35.6
20	40 59	O. 25 E.	12	N. 45 E.	764.8	35.9
21	40 44	1 50	16	E.	767.1	36.5
22	De 1/4 de milles jus-		»	»	764.9	35.9
23	qu'à 4 milles au		»	»	765.1	35.6
24	Sud de la côte.		»	»	766.3	35.2
25	Sud de		»	»	766.1	35.2
26	Minorque.		»	»	767.8	35.x
27	40 45	3 04	12	S. 22 E.	766.4	36.9
28	41 57	3 42	6	S. 81 E.	767.8	37.x
29	2?	3 44 E.	6	S. 75 E.	774.1	37.6
30	En rade Toulon.		»	»	»	37.x

N. B. Dans tous les tableaux la direction du vent est corrigée de la variation du compas. La densité est [...] sité par 0,774; ainsi le litre d'eau de mer en rade de Toulon pesait 1,000 + 37 × 0,774 = 1028,64 [...] Toulon.

à Toulon, 1867 *(suite).*

AU.		TEMPÉRATURE de l'air.	VENTS.		HUMIDITÉ.	ÉVAPORATION EN MILLIMÈTRES	VARIATION
SALURE.	TEMPÉRATURE.		DIRECTION.	FORCE			
						millimètres.	
52.2	19.7	20.5	E.N.E.	1	86,»	»	21°N. O.
52.1	18.7	20.5	»	»	85,»	3	id.
51.9	19.8	21.»	E.	1	81,»	7	id.
52.1	20.2	20.7	N.E.	2	76.»	7.5	id.
52.3	19.9	19.0	N.N.E.	4	83.»	7.6	20 »
52.5	19.0	20.5	E.N.E.	2	85.»	7	19 »
52.9	19.5	18.2	E.N.E.	2	79 »	6	19 »
52.2	17.7	18.4	E.S.E.	1	76.»	6	id.
52.»	18.8	18.2	E.N.E.	8	78.»	15	id.
51.4	18.7	18.5	E.N.E.	8	77.»	18	id.
51.5	15.7	20.0	E.N.E.	9	77.»	15	id.
51.5	15.6	20.1	»	»	79.»	6	id.
51.»	15.»	19.4	»	»	75.»	5	id.
50.6	15.»	19.6	»	»	61.»	6	id.
20.3	15.1	19.4	»	»	80.»	5	id.
50.»	15.1	17.5	E.	10	90.0	4	id.
20.4	15.»	16.8	S.S.O.	7	108.»	—5	id.
51.1	16.2	17.5	S.O.	7	90.»	—6	id.
51.5	17.»	17.2	O.S.O.	7	80.»	2	18 »
52.»	17.0	18.7	S.O.	6	91.»	15	18 »
52.2	18.1	18.6	N.	3	73.»	0.5	18 »
52.5	17.6	16.5	N.O.	4	74.»	8.5	18 »
52.»	15.7	10.6	N.	8	79.»	»	18 »
52.»	16.7	15.5	N.N.E.	10	76.»	»	id.
51.7	16.7	11.1	N.N.E.	6	64.»	»	id.
52.2	18.5	10.7	N.N.E.	6	78.»	15	id.
52.5	16.7	12.6	N.N.E.	3	85.»	6	id.
52.»	16.0	11.9	O.N.O.	2	79.»	6	id.
52.4	15.1	13.7	N.O.	4	84.»	9.5	16 »
52.1	14.2	14.5	N.N.E.	6	81.»	»	15 »
52.4	15.7	10.9	O.N.O.	4	78.»	6	15 »
52.»	17.8	»	»	1	»	5	»

...té donnée par le densimètre marin : pour avoir les grammes d'un litre d'eau de mer il faut multiplier cette den-
... novembre 1867. Le baromètre est ramené à la température de 0° et est réglé sur celui de l'observatoire de

BUCÉPHALE.

1867.

TRAVERSÉE D'ALLER.

OBSERVATIONS SUR LES PLUIES ÉQUATORIALES.

La pluie commence le 7 juin, à 4 heures du soir, par 7° 29′ N. et 28° 16′ O. La densité reste à 35.

Le 8 juin, pluie abondante toute la journée; la densité reste à 35.

Le 9 juin, par latitude 7°40′, la pluie continue, la densité devient 32.

Le 11 juin, par latitude 5° 34′ et longitude 28° 15′, la pluie continue plus forte et la densité remonte à 35.

Le 12 juin, la pluie cesse et la densité devient 33 ; le point donne latitude 4° 52′ N., longitude 28° 48′ O.

A partir du 12 juin très-beau temps, jolie brise du S.

La densité reste à 33 jusqu'au 19, où elle remonte à 35 avec le même temps et le même vent.

BUCÉPHALE

1867.

De Montevideo à Toulon.

TRAVERSÉE DE RETOUR.

OBSERVATIONS SUR LES PLUIES ÉQUATORIALES.

Le 24 septembre, par 2° 26' latitude N. et 28° 39' longitude O., la densité descend de 35 à 32, le temps est très-beau et la brise au S. E.

Le 25 septembre, même temps, la densité descend à 30 ; le beau temps continue jusqu'au 26 septembre à minuit par latitude 7° 25' et longitude 27° 09'. La pluie commence alors par intervalles ; la densité reste à 30.

Le 28 septembre, beau temps. Toute la journée la densité monte à 31.

Le 29 septembre, un peu de pluie ; la densité monte à 32.

Le 30 septembre, beau temps ; la densité reste à 32.

Le 1er octobre, un peu de pluie ; la densité monte à 32 5 ; le point donne : latitude 13° 20' N., longitude 29° 59' O.

Le beau temps continue, et la densité continue à monter progressivement.

Tableau D. Section thermale du Gulf Stream.

C... Degrés de température centigrades.

F... Degrés au thermomètre Fahrenheit.

Ce tableau est relevé sur les courbes de la figure A, pl. III, donnée dans l'ouvrage de M. Maury.

DISTANCE DU CAP HENRY EN MILLES MARINS.

PROFONDEURS.	68 C	68 F	87 C	87 F	158 C	158 F	130 C	130 F	162 C	162 F	175 C	175 F	187 C	187 F
15 brasses ou 27 mètres.	16.9	62.3	»	»	25.7	80	»	»	»	»	»	»	25.5	77.5
100 brasses ou 185 mètres.	»	»	10	50	21	75	»	»	»	»	»	»	19.5	67
300 brasses ou 549 mètres.	»	»	6.1	45	18.5	65	»	»	»	»	»	»	17.0	61.5
500 brasses ou 915 mètres.	»	»	4.4	40	»	»	»	»	14.2	37.5	»	»	13.0	55

PROFONDEURS.	212 C	212 F	275 C	275 F	287 C	287 F	325 C	325 F	338 C	338 F	362 C	362 F	375 C	375 F	387 C	387 F
15 brasses ou 27 mètres.	»	»	»	»	25.3	74	»	»	24.4	76	24.2	75.5	»	»	»	»
100 brasses ou 185 mètres.	20	68	»	»	17°	62.5	»	»	19°	66	»	»	»	»	17.2	63
300 brasses ou 549 mètres.	17.2	63.0	»	»	12.2	54	»	»	15.8	60.5	14.4	58	»	»	»	»
500 brasses ou 915 mètres.	13.5	56	9°	49	»	»	»	»	12.2	54	»	»	10.2	50.5	»	»

Tableau B.   *Observations comparatives entre l'océan Atlantique et la Méditerranée.*

PARAGES.	Février 1868, du 18 au 28. Traversée de Toulon au Gabon.			Avril-mai 1867. 25 avril au 25 mai. Traversée de Toulon à Montevideo.			Octob.-novemb. 1867, du 21 oct. au 29 nov. Traversée de Montevideo à Toulon.			Juin 1861. du 9 au 18. Traversée de Toulon à Halifax.			Juin-juillet 1868. Traversée De l'île du Prince à Lisbonne.		
	T	D	S	T	D	S	T	D	S	T	D	S	T	D	S
Rade de Toulon............	11.5	58.0	52.0	15.0	42.0	37.4	15.8	37.0	52.0				21	56	53.7 le 4 juillet 1864.
A 30 milles au S. de Toulon....	15.7	37.5	52.1	15.0	40.0	36.4	15.2	37.5	52.5	19.5	40.0	37.2	»	»	»
Entre Toulon et l' île (Baléares).	15.5	37.1	52.0	17.0	40.0	36.8	16.2	36.5	52.2	20.0	39.0	36.5	»	»	»
Entre Ivice et le cap de Gate...	14.4	35.2	51.4	18.7	40.2	37.0	18.0	35.6	52.2	20.0	39.0	36.5	»	»	»
Du cap de Gate à Gibraltar.....	15.2	35.9	51.4	18.5	39.3	36.2	15.6	35.6	51.5	20.8	37.0	51.0	»	»	»
De Gibraltar au cap Spartel (détroit).	15.0	35.5	50.7	18.0	40.0	36.6	17.2	35.6	51.5	»	»	»	»	»	» à 100 t. dans l'O. du dét.
A 50 milles au large de Spartel.	15.7	35.0	50.7	18 0	50.0	36.6	17.7	35.7	52.2	19.5	38.0	52.1	19.5	35.4	52.6 Le 17 juin 1864.
Spartel aux Canaries....	16.8	34.6	50.7	19.1	37.0	54.0	(Des Açores au dét.) 19.9	35.0	52.3	»	»	»	»	»	» à 30 milles à l'O. de Palmas.
	Entre Hierro et Gomera.			19 milles au Sud de Grande Canarie.											
Dans les îles Canaries...........	18.4	34.1	50.8	21.5	40.0	57.5	»	»	»	»	»	»	20.5	35.3	52.9 Le 13 juin 1864.

3   4

TABLE DES MATIÈRES.

Paris. — Imp. Paul Dupont, 41, rue J.-J.-Rousseau (Hôtel des Fermes).

9 782329 215204